江西理工大学清江学术文库

离子交换树脂
在白钨矿酸浸中的应用

龚丹丹　张　勇　任嗣利　著

北　京
冶金工业出版社
2022

内 容 提 要

本书共 7 章，通过具体实例详细地阐述了离子交换树脂协同稀酸浸出白钨矿的反应机理、动力学影响规律以及工艺参数条件优化等方面的实验设计和数据分析处理方法，主要内容包括离子交换树脂的性能、用途和生产方法，钨的资源及钨矿冶炼工艺，并针对我国钨矿资源现状与冶炼特点，详细论述了阳离子交换树脂、阴离子交换树脂两种不同新技术酸浸白钨矿的基本原理和最新研究成果。

本书可供从事有色冶金领域尤其是钨冶金领域的科研人员、工程技术人员阅读，也可供高等院校冶金专业师生参考。

图书在版编目（CIP）数据

离子交换树脂在白钨矿酸浸中的应用／龚丹丹，张勇，任嗣利著 . —北京：冶金工业出版社，2022.10
ISBN 978-7-5024-9308-0

Ⅰ.①离… Ⅱ.①龚… ②张… ③任… Ⅲ.①离子交换树脂—应用—白钨矿—酸浸—研究 Ⅳ.①TF841.1

中国版本图书馆 CIP 数据核字（2022）第 194398 号

离子交换树脂在白钨矿酸浸中的应用

出版发行	冶金工业出版社	电　话	（010）64027926
地　址	北京市东城区嵩祝院北巷 39 号	邮　编	100009
网　址	www. mip1953. com	电子信箱	service@ mip1953. com

责任编辑　杨盈园　美术编辑　燕展疆　版式设计　郑小利
责任校对　王永欣　责任印制　禹　蕊
北京建宏印刷有限公司印刷
2022 年 10 月第 1 版，2022 年 10 月第 1 次印刷
710mm×1000mm　1/16；9.75 印张；188 千字；143 页
定价 68.00 元

投稿电话　（010）64027932　投稿信箱　tougao@cnmip. com. cn
营销中心电话　（010）64044283
冶金工业出版社天猫旗舰店　yjgycbs. tmall. com
（本书如有印装质量问题，本社营销中心负责退换）

前　言

　　钨是一种稀有金属，具有高熔点、高硬度和高强度等优异性能，被誉为"工业的牙齿"。我国的钨资源储量和产量均居世界之首。在钨矿基础储量中，我国白钨矿和黑钨矿的资源储量分别约占2/3和1/3。但是，长期以来，我国的钨冶炼企业主要处理易采、易选和易冶炼的黑钨矿。目前，黑钨矿资源几近枯竭。为适应我国钨资源形势的改变，开发和利用储量占绝对优势的白钨矿资源成为我国钨冶炼工业的必然选择。

　　白钨矿的主要成分是钨酸钙，其特点是嵌布粒度细、伴生组分多且共生关系复杂，属典型难处理钨矿。如2016年江西省浮梁县发现的世界最大钨矿之一——朱溪矿，其钨矿储量（按 WO_3 计）达286万吨，但该矿床为复杂难处理的白钨矿。另外，白钨矿品位较低，导致其矿石的采、选、冶均有一定的难度。在选矿过程中，钨矿品位和钨回收率往往成为矛盾体，即高的选矿品位会降低钨的回收率，而低的选矿品位往往可以得到较高的钨回收率。对此，开发适用于我国白钨矿资源特点的提取工艺对钨资源保障与高效利用有重大意义。

　　白钨矿的分解方法主要有氢氧化钠分解法、碳酸钠分解法和盐酸分解法等。目前，氢氧化钠分解法是我国钨冶炼的主流工艺。该工艺具有原料适应性强、钨分解率高、工艺稳定等优点。然而，该方法存在高温、高压和高碱等问题。同时，该工艺在卸料操作时需要添加磷酸盐等物质，以防止钨分解液"返钙"造成金属钨回收率下降。因此，钨冶金工作者在完善氢氧化钠分解工艺的同时，将目光转向了其他的新工艺，如硫酸-磷酸混合酸分解、氟盐-磷酸盐分解、钙盐焙烧-铵浸、碳酸钠分解-碱性萃取等一系列钨冶炼新技术。

近年来，作者团队在白钨矿提取钨方面开展了系列的研究工作，重点是针对国内不同地区的白钨矿研发适合的提取技术，以实现钨矿的高效钨提取。本书正是作者总结近些年在白钨矿提取方面的最新研究成果并将其归纳整理成书。全书共分 7 章，简要介绍了离子交换树脂的基础知识、用途和制作方法，钨和钨化合物的性质与用途以及钨矿资源和钨矿分解、金属钨粉的生产工艺，详细论述了阳离子交换树脂协同稀酸浸出白钨矿、阴离子交换树脂协同稀酸浸出白钨矿的两种不同白钨矿处理工艺的基础理论与实验研究成果。

本书力求理论与工艺相结合，对白钨矿处理的基本原理进行了系统阐述。同时，重点突出了实验设计和工艺研究。本书适合从事有色金属领域尤其是钨矿冶金领域的科研和工程技术人员阅读，也可供大专院校相关专业师生参考。

张勇、王良、高思婷、李祖怡、候志明等人参与了本书部分的实验研究工作，周康根教授和任嗣利教授在实验研究方面提供了学术指导，他们在本书的撰写过程中给予了建设性的意见，均为本书的出版做出了贡献。此外，本书的出版还得到了江西省自然科学基金项目（No. 20212BAB214024）、江西理工大学稀有稀土资源开发与利用省部共建协同创新中心专项基金课题（No. JXUST-XTCX-2022-02）、江西省教育厅项目（No. GJJ190487）、大学生创新创业训练项目（No. 202110407033）、江西理工大学校级教改课题（No. XJG-2021-54）、江西理工大学博士启动项目（No. jxxjbs19017）以及江西理工大学优秀学术著作出版基金的联合资助。

感谢江西理工大学资源与环境工程学院的领导们给予的热情关怀、

支持和鼓励，感谢崇义章源钨业股份有限公司领导和江西理工大学潘涛副教授、罗武辉副教授等人为本书的完成提供的诸多帮助。在本书的编写过程中参考了许多国内外的文献资料，对此谨向文献的作者们表示衷心的感谢！

　　由于作者水平所限，书中难免有疏漏或不妥之处，敬请读者指正。

作　者

2022 年 6 月

目　　录

1 离子交换树脂介绍

1.1 离子交换树脂的发展简史

1.1.1 无机离子交换剂的发现

含有可交换离子基团的不溶性高分子化合物称为离子交换剂，离子交换剂上的离子与溶液中的离子发生交换反应的现象称之为离子交换。离子交换过程中，离子交换剂起着关键的作用。按照来源的不同，离子交换剂分为天然的离子交换剂，如沸石、煤炭等以及合成的离子交换剂，如离子交换树脂、离子交换膜等。按照离子交换剂的材料不同，离子交换剂可分为无机离子交换剂，如海绿砂等和有机离子交换剂，如腐殖质等。

自然界存在着许多天然的离子交换现象。例如，土壤能吸收粪便中的某些成分，使得粪水的颜色逐渐退却。又如，纤维、角质、羊毛、煤、腐殖质和其他一些蛋白质等，它们因含有游离的氨基和羧基，均具有一定的阴离子和阳离子交换能力。因此，离子交换现象广泛地存在于土壤、大气和水中。

19 世纪初，人们才逐渐地认识到离子交换现象。1850~1854 年，英国农业化学家 J. T. Way 和 Thompson 报道了在采用碳酸铵或者硫酸铵处理土壤时，发现了铵盐中的大部分氨会被土壤吸收，而土壤中的钙会被置换出来的现象，以及关于他们发现的这个现象的多方面的研究成果。20 世纪初人们开始认识到无机离子交换剂。Gans 把天然的硅酸盐用于糖的净化和水的软化处理，并取得了不错的效果，从而掀起了无机离子交换剂用于工业水的软化处理的热潮。无机离子交换剂除天然的海绿砂等，还包括人造的硅酸盐，如 $Na_2Al_2SiO_{10}$ 等。然而，无机离子交换剂的选择性低，不宜在酸性条件下使用。

1.1.2 有机离子交换剂的发现

有机离子交换剂通常指的是离子交换树脂。人们利用天然有机物如腐殖质等也具有离子交换的特性，制成了价格低廉的粗糙的磺化煤，该磺化煤是一种阳离子交换剂，能与 Ca、Mg 等阳离子发生交换反应。但是，在使用过程中发现，磺化煤的交换容量不高，且在高浓度的碱性体系中会发生溶胀而失去离子交换功能。1933 年，E. L. Holms 和 B. A. Admas 用甲醛和苯酚合成了阳离子交换树脂，该合成树脂具有良好的离子交换的能力，为有机离子交换剂的合成提供了新的方向。1935 年，英国的 Chemical Research Laboratory 首次报道了有机离子交换树脂。1945 年，G. F. D. Alelio 利用丙烯酸衍生物和苯乙烯合成了质量较好的离子交换树脂，并经过不断地改进，使得新合成的树脂交换容量更高、力学性能和耐腐蚀性能更好、可逆性作用也更稳定，水力学特性更优良。因此，该离子交换树脂一经问世，便深受大家的青睐，成功地投入了市场并得到广泛应用。

随后，德国的 I. G. 公司生产出了 Wofatit 离子交换树脂，同时该公司的 Griessbach 制备出了对苯二酚和甲醛的缩聚物，其能除去水中的氧，这一发明为氧化还原树脂的生产奠定了良好的基础。法国的 ACFI 公司生产出了芳香胺阴离子交换树脂与磺化煤阳离子交换剂组合而成的复合床并应用于脱盐水。美国的 Rohm & Haas Co. 在 E. L. Holms 和 B. A. Admas 的专利基础上，进行了 Amberlite 系列离子交换树脂的工业生产。美国的 G. E. 公司的 D. Alelio 制备出了苯乙烯系和丙烯酸系的加聚物离子交换树脂，该树脂的化学与物理性能较缩聚型离子交换树脂的稳定而且性价比更高，同时拥有自己的知识产权，也正是这个发明成为现今离子交换树脂生产方法的理论基础。

同时，美国还将生产出的离子交换树脂用于铀的核裂变生成物、稀土元素、超铀元素的分离与提取研究，以及水的精制、奎宁的提取等方面的研究，特别是在元素锯的分离方面，取得了不错的研究成果。二次世界大战以后，美国的 Rohm & Hass 公司生产出了 Amberlite IRA400 和 Amberlite IRC-50 离子交换树脂，它们分别是强碱性苯乙烯系季铵型阴离子交换树脂和弱酸性甲基丙烯酸系阳离子交换树脂。挪威的 Skogseid 制备出了一种可对钾有选择性吸附的树脂，从而可应用于从海水中提取钾，这一发明开创了螯合树脂的研究。

1.1.3　离子交换树脂的发展

20 世纪 50 年代是离子交换树脂的合成与工业化应用的飞速发展时期。1950 年，美国制备的混合床式纯水生产装置实现了工业化应用，其柱子直径达到 1m。与此同时，美国生产的弱酸性羧酸型阳离子交换树脂 Amberlite IRC-50 用于链霉素的精制与提取并成功应用于工业化生产。1952 年，南非的 West Rand Consolidated Mines Ldt. 应用大型固定床装置，通过强碱性离子交换树脂，对铀元素进行了精制的工业化运用。另外，美国的 Ionic 公司制备出了 Permionic 离子交换膜并将该离子交换膜用于锅炉用水的电渗析脱盐处理，而后美国的 Michigan Chemical Corp. 生产出的强酸性阳离子交换树脂被运用于大型的稀土元素的分离与精制。同时，Dow Chemical 公司生产出了苯乙烯系亚胺二羧酸型螯合树脂。日本的 Organo 公司研制了大型的高性能混合床离子交换柱，并运用于葡萄糖的脱盐、脱色与精制方面。

　　自 1960 年美国的 Rohm & Haas 公司生产出了 Macroreticular 型苯乙烯系离子交换树脂，离子交换树脂的合成与工业化应用便进入了一个新的时期。1962 年，美国的 Rohm & Haas 公司生产出了催化用和非水溶液用的离子交换树脂 Amberlys。随后，澳大利亚的 Bolto 和 Weiss 等人采用弱碱性阴离子交换树脂和弱酸性阳离子交换树脂组成的混合床离子交换柱，对锅炉水进行了脱盐处理，并开展了采用 80℃ 的热水对离子交换树脂进行再生处理，开创了新的离子交换树脂热再生的脱盐方法。1966 年，美国的 Rohm & Haas 公司采用二乙烯苯和苯乙烯共聚体的 MR 型多孔树脂合成了非极性吸附剂，开创了混合物分离采用有机吸附剂的应用。同时，该公司还研制出了直径为 $0.5\mu m$ 至 $1.5\mu m$ 的超微粒的离子交换树脂，并以该树脂合成了新的吸附剂。1973 年，Du Pont 公司成功的研制出全氟磺酸树脂，采用该树脂合成的离子交换膜被成功应用于燃料电池和电解工业，且可作为一种酸性催化剂而应用于有机合成的生产过程。

1.1.4　我国离子交换树脂的发展

　　我国的离子交换技术研究在 20 世纪 50 年代前处于完全空白状态，20 世纪 50 年代初期开始，我国北京、天津和上海的一些高校和科研院所开始对离子交换树脂进行研究。1953 年，我国成功生产出了酚醛磺化树脂；1958 年，苯乙烯系凝胶型离子交换树脂成功生产并实现了初步应用；1959 年，南开大学的何炳林教授采用聚苯乙烯作为致孔剂，合成了孔径大、交换速度快和强度高的大孔型交联聚苯乙烯系离子交换树脂。

　　20 世纪 70 年代中后期，我国又成功合成了许多种类的离子交换树脂，如碳化树脂、吸附树脂等，并且先后投入了生产使用。20 世纪 90 年代，我国的离子交换树脂的合成和工业化应用得到了迅猛发展。国内从事离子交换树脂生产和研究的单位达到 60 多家，生产的离子交换树脂种类也达 60 余种，离子交换树脂的种类和产量、质量均在不断地得到提高。

　　进入 21 世纪以后，我国成为世界上最大的离子交换树脂生产国，随着生产技术的不断提升，离子交换树脂的产量也在不断扩大。我国目前离子交换树脂产量约达 27 万吨/年，占比达到世界总产量的 33.3%。2011 年我国离子交换树脂产量达到 22.3 万吨；2012 年和 2013 年我国离子交换树脂产量分别达到 23.0 万吨和 23.6 万吨；2014 年和 2015 年以及 2016 年我国离子交换树脂产量分别达到 24.5 万吨、25.7 万吨和 27.0 万吨。2011 年至 2016 年我国离子交换树脂生产情况见表 1-1。

表 1-1　2011 年至 2016 年我国离子交换树脂生产情况

年份	产量/万吨	产能/万吨	开工率/%	产量较上一年增长率/%
2011	22.3	34.8	64.1	3.2
2012	23.0	35.2	65.3	3.1
2013	23.6	35.5	66.5	2.6
2014	24.5	37.3	65.7	3.8
2015	25.7	38.3	67.1	4.9
2016	27.0	40.3	67.0	3.7

1.2　离子交换树脂的结构

离子交换树脂技术作为一种分离手段，已成为化工、冶金过程中的一个单元操作，其与过滤、萃取、吸附、蒸馏等具有重要的地位，广泛应用于水的处理、二次资源的回收、实验室的分析检测等。离子交换树脂作为该技术重要的物质，具有其特殊的化学结构和物理结构。

1.2.1　离子交换树脂的化学结构

离子交换树脂是带有官能团（有交换离子的活性基团）的具有网状结构的不溶性的高分子化合物，通常是球形颗粒物。离子交换树脂的组成元素往往是 C、H、O、N、S，组成离子交换树脂的单元分别是高聚物骨架、连接在骨架上的功能基团和功能基团中的可交换离子。其中高聚物骨架是一种立体的多维网状结构，骨架连接有各种功能基团，功能基团上连接有固定离子和可移动离子（也称为反离子）。同时，离子交换树脂不溶于酸、碱溶液和有机溶剂。

1.2.2　离子交换树脂的物理结构

离子交换树脂由三部分构成，分别是不溶性的三维空间网状骨架、与骨架连接的功能基团、与功能基团上所带电荷相反的可交换离子。离子交换树脂的骨架，即高分子基体上结合着许多交换基团，它们均以化学键结合。交换基团中，分为固定部分和活动部分。其中，交换基团的固定部分是不能自由移动的，其被束缚在骨架上，因此也被称为固定离子。而交换基团的活动部分是可以自由移动的，其与固定离子成离子键结合，且与固定离子带相反的电荷，因此也被称为反离子或者可交换离子。如离子交换树脂的离子交换基团为 $SO_3^-H^+$，其中 H^+ 为可交换离子（反离子），SO_3^- 为固定离子。

可交换离子在溶液中会离解成自由移动的离子，并在合适的条件下，会与符号相同的其他可交换离子发生交换反应。例如，骨架上连接—SO_3H 磺酸或

—COOH羧酸等酸性功能基团的，其所带的可交换离子为阳离子，如 H^+，则该离子交换树脂可与溶液当中的阳离子进行交换反应。同理，骨架上连接有伯胺基、仲胺基、叔胺基、季胺基等功能基团的，其所带的可交换离子为阴离子，如 OH^-，则该离子交换树脂可与溶液当中的阴离子进行交换反应。

离子交换树脂的孔是指在湿态和干态状态下均存在的结构，分为凝胶孔和毛细孔，如图 1-1 所示。其中，离子交换树脂的凝胶孔是指分布在高分子结构中的孔，而毛细孔则是指分布在高分子结构之间的孔。用比表面积、孔度（也称孔容）和孔径 3 个孔结构参数来表示离子交换树脂的孔结构性能。

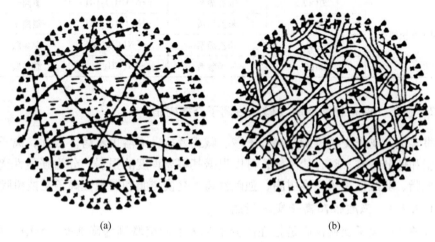

(a) (b)

图 1-1 离子交换树脂的结构
（a）凝胶型树脂；（b）大孔型树脂

1.3 离子交换树脂的分类与命名

1.3.1 阳离子和阴离子交换树脂

离子交换树脂在酸、碱和有机溶液中不溶解，在一定的加热条件下也不会熔，这是因为离子交换树脂的高分子基体上含有一定量的交联剂，如二乙烯苯，其起到交联的作用。高分子基体中交联剂的百分含量代表离子交换树脂的交联度。

目前，市面上应用的离子交换树脂的骨架部分大多数是以苯乙烯—二乙烯苯共聚体为基体，或者苯乙烯—丙烯酸及其衍生物的共聚体为基体。按照离子交换树脂上可交换离子的不同，离子交换树脂可分为阳离子交换树脂和阴离子交换树脂。其中，阳离子交换树脂上的可交换离子可以是氢离子 H^+、Na^+ 及其他金属离子。因此，阳离子交换树脂可与溶液中的阳离子进行交换反应。而阴离子交换树脂上的可交换离子可以是氢氧根离子 OH^-、Cl^- 及其他酸根离子。因此，阴离子交换树脂可与溶液中的阴离子进行交换反应。表 1-2 给出了几种常用的阳离子交换树脂和阴离子交换树脂。

表 1-2　几种常用的离子交换树脂

种类	型号	骨架	交联剂	可交换离子
阳离子交换树脂	001×7	苯乙烯系	—SO$_3$H	钠离子
	D001	苯乙烯系	—SO$_3$H	钠离子
	D113	丙烯酸系	—COOH	钠离子
阴离子交换树脂	201×7	苯乙烯系	—N(CH$_3$)$_3$OH	氯离子
	D201	苯乙烯系	—N(CH$_3$)$_3$OH	氯离子
	D301	苯乙烯系	—N(CH$_3$)$_2$	游离胺
	D314	丙烯酸系	—N(CH$_3$)$_2$	游离胺

1.3.2　强酸（碱）性和弱酸（碱）性离子交换树脂

事实上，离子交换树脂是高分子酸、碱或者盐，不溶也不熔。因此，离子交换树脂和低分子酸、碱、盐一样，可以根据其解离程度的强弱，分为强酸性离子交换树脂、弱酸性离子交换树脂、强碱性离子交换树脂和弱碱性离子交换树脂。

1.3.2.1　强酸性阳离子交换树脂

强酸性阳离子交换树脂是指在高分子基体上的交联剂为磺酸基—SO$_3$H 的离子交换树脂。强酸性阳离子交换树脂中，以二乙烯苯—苯乙烯为高分子基体的占大多数，其用途最广泛，用量也是最大的。强酸性阳离子交换树脂经过磺化后是 H$^+$ 形式，但为了方便贮存和运输，生产厂家通常会将强酸性阳离子交换树脂转化成 Na$^+$ 形式。离子交换树脂的骨架部分用 R 表示的话，阳离子交换树脂可用通式 R—SO$_3$H 来表示。强酸性阳离子交换树脂的酸性与硫酸、盐酸等无机酸相当，其在水溶液中的解离反应可表示为：

$$R—SO_3H \Longleftrightarrow R—SO_3H^- + H^+ \tag{1-1}$$

当然，早期有生产以苯酚—甲醛共聚物制得的强酸性阳离子交换树脂，尽管后期将该树脂制作成了球粒状，但树脂的综合性能比不上聚苯乙烯系强酸性阳离子交换树脂，因此，逐渐被市场淘汰了。

1.3.2.2　弱酸性阳离子交换树脂

弱酸性阳离子交换树脂是指高分子基体上含有羧酸基—COOH、磷酸基—PO$_3$H$_2$ 和酚基—⬡—OH 的离子交换树脂。其中，以含有羧酸基的弱酸性阳离子交换树脂应用最广泛，它是用丙烯酸或甲基丙烯酸与二乙烯苯聚合，也可以是丙烯酸甲酯或甲基丙烯酸甲酯与二乙烯苯聚合，聚合后再经过水解而制得。羧酸基弱酸性阳离子交换树脂和其他有机羧酸一样，在水溶液中解离程度不强（式（1-2））。因此，弱酸性羧酸基阳离子交换树脂在水溶液中显弱酸性，仅能在接近中性和碱性介质中才会表现出离子交换功能：

$$R\!-\!COOH \Longrightarrow R\!-\!COO^- + H^+ \tag{1-2}$$

1.3.2.3 强碱性阴离子交换树脂

强碱性阴离子交换树脂是指以季胺基为交联剂的离子交换树脂，常用苯乙烯—二乙烯苯共聚合而成。若用三甲胺胺化，则得到Ⅰ型强碱性阴离子交换树脂；而用二甲基乙醇胺胺化时，则得到Ⅱ型强碱性阴离子交换树脂。强碱性阴离子交换树脂的碱性非常强，可交换一般的无机酸根离子，也可以交换吸附醋酸、硅酸等弱酸。强碱性阴离子交换树脂可在酸性、中性和碱性介质中表现出离子交换功能。强碱性阴离子交换树脂的 OH⁻ 型的热稳定性较差，应于60℃以下使用该型阴离子交换树脂。强碱性阴离子交换树脂在水中的解离反应可表示为：

$$R\!-\!\overset{+}{\underset{R_3}{\overset{R_1}{N}}}\!-\!R_2OH \Longrightarrow R\!-\!\overset{+}{\underset{R_3}{\overset{R_1}{N}}}\!-\!R_2 + OH^- \tag{1-3}$$

1.3.2.4 弱碱性阴离子交换树脂

弱碱性阴离子交换树脂是指以伯胺—NH_2、仲胺—NHR 或叔胺—NR_2 为交换基团的离子交换树脂。弱碱性阴离子交换树脂常用的是氯甲基化后制得的苯乙烯—二乙烯苯共聚体，其交换基团是伯胺或者仲胺。弱碱性阴离子交换树脂的碱性非常弱，只能与盐酸、硫酸和硝酸等强无机酸根阴离子进行交换，而对硅酸等弱无机酸没有交换能力。

弱碱性阴离子交换树脂具有高交换容量和易再生的特点。弱碱性阴离子交换树脂只能在中性和酸性介质中才表现出离子交换功能，其在水溶液中的解离程度较小，解离反应可表示为：

$$R\!-\!NH_2 + H_2O \Longrightarrow R\!-\!NH_3^+ + OH^- \tag{1-4}$$

当然，除了强酸性、弱酸性、强碱性、弱碱性离子交换树脂外，还有中强酸离子交换树脂和中强碱离子交换树脂，上述几种不同的离子交换树脂的典型功能基团分类如图 1-2 所示。

1.3.3 凝胶型、大孔型和载体型离子交换树脂

根据离子交换树脂的物理结构的不同，离子交换树脂可分为凝胶型离子交换树脂、大孔型离子交换树脂以及载体型离子交换树脂。

1.3.3.1 凝胶型离子交换树脂

凝胶型离子交换树脂是指外观透明的均相的凝胶型高分子结构的离子交换树

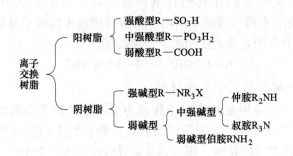

图 1-2　离子交换树脂按功能基团分类

脂。由于离子交换反应是离子通过被交联的大分子链间距离扩散到交换基团附近进行的，而凝胶型离子交换树脂的球粒内没有毛细孔。因此，凝胶型离子交换树脂合成时的交联剂的用量对其树脂性能的影响较大。

1.3.3.2　大孔型离子交换树脂

大孔型离子交换树脂是指离子交换树脂球粒内部具有毛细孔结构的离子交换树脂。由于毛细孔道的存在，该类树脂的球粒是非均相的凝胶结构。大孔离子交换树脂适宜交换分子尺寸较大的物质，也适宜在非水溶液中使用。大孔型树脂的抗机械强度较凝胶型树脂的抗机械强度差。实验过程中发现，大孔型树脂经过磁力搅拌一段时间后，其大多数树脂会由球状颗粒物变成粉末状物质，而凝胶型离子交换树脂在使用后仍然保持完整的球状颗粒。

1.3.3.3　载体型离子交换树脂

载体型离子交换树脂是指以球形硅胶或玻璃球等非活性材料为载体，即以载体作为中心核，然后在该中心核表面覆盖一薄层的离子交换树脂而制得。载体型离子交换树脂常作为固定相的离子交换树脂用于液体色谱中。图 1-3 所示为凝胶型离子交换树脂、大孔型离子交换树脂和载体型离子交换树脂的模型。

1.3.4　其他离子交换树脂

1.3.4.1　螯合树脂

螯合树脂是指在交联的大分子链上含有螯合基团的离子交换树脂，也称作选择性离子交换树脂。螯合树脂对指定离子，尤其是重金属离子具有特殊的选择性。通常螯合树脂主要分两种，一种是含亚胺羧酸基的螯合树脂，另一种是含聚胺类的螯合树脂。含亚胺羧酸基的螯合树脂对碱土金属离子和重金属离子的选择吸附性比含聚胺类的螯合树脂的大很多。这是因为含聚胺类的螯合树脂只吸附重金属离子，而不吸附碱土金属离子。

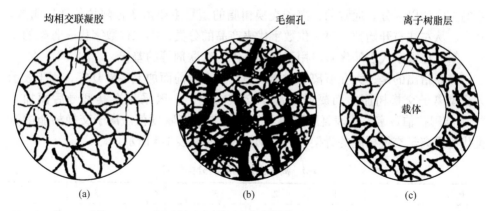

图 1-3 离子交换树脂的外观
（a）凝胶型树脂；（b）大孔型树脂；（c）载体型树脂

1.3.4.2 两性树脂

两性树脂是指同时表现出酸性交换基团（阳离子交换基团）和碱性交换基团（阴离子交换基团）的离子交换树脂。阳离子交换基团和阴离子交换基团可能在两个不同但互相接近的大分子链上，也可能在同一个大分子链上。例如，阴阳混床树脂床就属于两性树脂。

1.3.4.3 热再生树脂

热再生树脂指的是同时含有弱酸性和弱碱性交换基团，且交换反应发生后可用热水而不需要用酸液或者碱液，即可进行再生的离子交换树脂。热再生树脂不使用到酸液或者碱液，故该离子交换树脂具有清洁的特点。

1.3.5 离子交换树脂的命名

离子交换树脂的基本名称为离子交换树脂，而全名称则按照行业标准 HG2-884-76（离子交换树脂产品分类命名及型号）中的相关规定，由分类名称、骨架（或基团）名称和基本名称三部分构成。由前述可知，凡具有物理孔结构的离子交换树脂为大孔树脂，命名时在全名称前要加上"大孔"两个字，以区别凝胶型离子交换树脂。分类属于碱性的，应在其基本名称前加上"阴"字；分类属于酸性的，应在其基本名称前加上"阳"字。

另外，由前述可知，弱酸性离子交换树脂的聚合物单体为丙烯酸及其衍生物外，强酸性、强碱性、弱碱性离子交换树脂的聚合物单体为苯乙烯系物质。因此，结合上述离子交换树脂的命名原则，上述四种基本离子的全名称分别为弱酸性丙烯酸系阳离子交换树脂，强酸性苯乙烯系阳离子交换树脂，强碱性苯乙烯系阴离子交换树脂，弱碱性苯乙烯系阴离子交换树脂。

为了区分同一类阳离子交换树脂和阴离子交换树脂，采用在全名称前加入型号的方式加以区分。通常的，离子交换树脂的型号主要由 3 位阿拉伯数字组成。其中，从左往右开始数，第一位数字代表产品的分类，第二位数字代表骨架的差异，第三位数字代表顺序号，用于区别基因、交联剂等的差异。

需要指出的是，大孔型离子树脂一般在其型号前面加上字母 D 字，用于表示大孔型离子交换树脂。而凝胶型离子交换树脂，一般采用在其型号后面加上"×"与阿拉伯数字，代表凝胶型离子交换树脂的交联度值。离子交换树脂的分类代号及离子交换树脂的骨架代号分别见表 1-3 和表 1-4 所示。

表 1-3　离子交换树脂的分类代号

代号	0	1	2	3	4	5	6
分类	强酸性	弱酸性	强碱性	弱碱性	螯合性	两性	氧化还原性

表 1-4　离子交换树脂的骨架代号

代号	0	1	2	3	4	5	6
分类	苯乙烯系	丙烯酸系	酚醛系	环氧系	乙烯吡啶系	脲醛系	氯乙烯系

根据上述介绍，结合表 1-3 和表 1-4 可知，201×7 离子交换树脂代表强碱性苯乙烯系阴离子交换树脂，其交联度为 7。D314 离子交换树脂代表大孔弱碱性丙烯酸系阴离子交换树脂。116 代表弱酸性丙烯酸系阳离子交换树脂。001×4 代表强酸性苯乙烯系阳离子交换树脂，其交联度为 4。

1.4　离子交换树脂的理化性能

1.4.1　离子交换树脂的外观性能

1.4.1.1　离子交换树脂的形状

离子交换树脂的外观通常为规整的圆球形，这是因为球形颗粒的离子交换树脂具有不易污染和容易加工的特点。另外，凝胶型离子交换树脂通常为透明或者半透明的光滑球形颗粒，而大孔型离子交换树脂通常为不透明或者微透明的光滑球形颗粒。当然，有些树脂为不规则的球形或椭球形等。

1.4.1.2　离子交换树脂的颜色

离子交换树脂的颜色多样，有金黄色、肉色、白色、棕色、灰色等。通常的，离子交换树脂的颜色与多种因素有关，随着交联度的增加离子交换树脂的颜色变深，随着离子交换树脂上杂质含量的增加离子交换树脂的颜色也加深。因此，在平常我们见到的中毒的离子交换树脂大多呈现黑色就是这个原因。此外，离子交换树脂的颜色还与其交换基团上的离子型式紧密相关。

表 1-5 为几种常用离子交换树脂的外观性能。从表 1-5 中描述可以看出，丙

烯酸系离子交换树脂通常为淡黄色或者乳白色。苯乙烯系离子交换树脂中,凝胶型离子交换树脂通常为淡黄色至棕褐色,而大孔型阳离子交换树脂通常为淡灰色,大孔阴离子交换树脂通常为白色到淡黄褐色。

表 1-5 几种常用离子交换树脂的外观性能

树脂型号	D113	D301	D001	001×7	201×7	D202
颜色	乳白色或浅黄色	乳白色或浅黄色	浅棕色	棕黄色至棕褐色	浅黄色或金黄色	乳白色或浅灰色
透明度	不透明	不透明	不透明	透明	透明	不透明
形状	球状颗粒	球状颗粒	球状颗粒	球状颗粒	球状颗粒	球状颗粒

图 1-4 所示为凝胶型离子交换树脂和大孔型离子交换树脂的外观图。从图 1-4 中可以明显看出,大孔型离子交换树脂粒径较凝胶型离子交换树脂粒径大,且外观不透明,这与前面所描述的相符合。

1.4.2 离子交换树脂的物理性能

1.4.2.1 离子交换树脂的含水量

离子交换树脂含水量是其固有的性质,指单位质量的离子交换树脂所含有的非游离水分的多少,通常用百分含量来表示。离子交换树脂的含水量受多种因素的影响,如树脂的结构、种类、酸碱度、交联度、可交换离子形态、交换容量等。另外,离子交换树脂在使用过程中,若发生了链的断裂或孔的结构改变以及交换容量的下降等现象,则离子交换树脂的含水量也会发生改变。

在测定离子交换树脂的含水量时,先称取单位质量的离子交换树脂,然后采用合适的方法除去该树脂的外部水分,再计算湿树脂颗粒内所含有的水分,即可得到该离子交换树脂的含水量。或者将干态的离子交换树脂放置在水中,由于树脂会不断地吸取水分,所以一段时间后,树脂吸收的水量会达到一个稳定值,此时的含水量也称作平衡含水量。

离子交换树脂的生产工艺成熟且稳定,不同生产厂家生产的产品大致相同。因此,常用凝胶型强酸性阳离子交换树脂的含水差异不大,但苯乙烯系阴离子交换树脂(如 201×7 树脂与 201×4 树脂)的差别却比较大。造成这种现象的原因主要是各生产厂的树脂产品交换容量不同、反应时产生的副交联度不同等。

大孔型离子交换树脂的含水量与交联度和孔隙度有关,而凝胶型离子交换树脂的含水量与交联度有关。凝胶型离子交换树脂的含水量随着交联度的增加而降低(表 1-6)。同时,相同交联度的离子交换树脂,大孔型树脂的含水量较凝胶型树脂的含水量大。例如,特大孔的强碱性阴离子交换树脂 Amberlite IRA 938(OH⁻型)的含水量达到 80%,而同类型的凝胶型树脂含水量约为 56%。

(a)

(b)

图 1-4　离子交换树脂的外观

（a）凝胶型树脂；（b）大孔型树脂

表 1-6　强酸性树脂交联度对其含水量的影响

交联度/%	14.5	12	10	7
含水量/%	40.22	44.19	48.21	55.75

1.4.2.2　离子交换树脂的密度

　　离子交换树脂的密度分为装载密度、湿视密度、湿真密度。其中，装载密度是指容器内离子交换树脂颗粒通过水反洗后经自然沉降，单位树脂体积湿态离子交换树脂（吸收了平衡水量且除去外部游离水分的树脂）的质量，单位为 g/mL。湿视密度是指单位视体积（离子交换树脂以紧密的无规律排列方式在容量中占有的体积，包含树脂颗粒本身的固有体积和树脂颗粒间的空隙体积两部分）湿态离子交换树脂的质量，单位为 g/mL。湿真密度是指单位真体积（离子交换树脂颗粒本身的固有体积，不包含树脂颗粒间的空隙体积）湿态离子交换树脂的质量，单位为 g/mL。相同离子交换树脂，不同离子形态，则它们的密度值不同。表 1-7 列出了几种常用的离子交换树脂的密度测定值。

表 1-7　几种常用离子交换树脂的密度测定值　　　　　　（g/mL）

树脂型号	离子形态	湿视密度	湿真密度
D111	H^+	0.76	1.16
	Ca^{2+}	0.84	1.28
D301	HOH	0.66	1.05
	HCl	0.69	1.07
	H_2SO_4	0.72	1.12
201×7	OH^-	0.71	1.08
	Cl^-	0.71	1.08
	SO_4^{2-}	0.84	1.12
001×7	H^+	0.78	1.19
	Na^+	0.83	1.26

需要指出的是，离子交换树脂的真体积是树脂颗粒本身的体积，只和离子交换树脂本身的性质有关。而离子交换树脂的视体积是真体积与空隙体积的加和，其中空隙体积和树脂颗粒的堆积排列方式有关。树脂颗粒在堆积时，常会发生"搁住"现象。当颗粒间排列得不紧密，不断振动容器时，该"搁住"现象就会减弱。另外，大小不同的树脂颗粒堆积在一起时，小颗粒会填充在大颗粒之间而空隙体积减小。因此，树脂颗粒的粒径越不均匀，则该树脂的空隙体积就越小。由此，离子交换树脂的视体积受以下几个因素的影响：颗粒的排列方式、颗粒的均匀程度、颗粒直径与容器内径比值、有无"搁住"现象。

离子交换树脂的湿真密度的测定方法和测定仪器都很简单。与湿视密度和湿真密度的测定相比，离子交换树脂的装载密度的测定要复杂得多。测定离子交换树脂的装载密度时，要求有一套包含泵、流量计、阀门、管道、恒温装置等在内的交换柱装置，操作起来较繁琐且误差较大。鉴于球状颗粒离子交换树脂的装载密度与其湿视密度之间有一定的关系，因此可以采用湿视密度值来计算装载密度值。表 1-8 列出了几种常用树脂的湿视密度和装载密度。

表 1-8　　几种常用离子交换树脂的湿视密度和装载密度　　　（g/mL）

树脂型号	D111	D201	D001	001×7	201×7	111
湿视密度	0.781	0.700	0.778	0.845	0.730	0.802
装载密度	0.722	0.664	0.747	0.798	0.585	0.781
两者差值	0.062	0.036	0.031	0.047	0.045	0.021

由表 1-8 不难看出，离子交换树脂的湿视密度和装载密度之间的差值的平均值为 0.04g/mL，由此推出离子交换树脂的装载密度由其湿视密度的计算如下：

$$d_{装} = d_{视} - 0.04 \qquad\qquad (1-5)$$

1.4.2.3　离子交换树脂的粒径

离子交换树脂的粒径大小不一。通常，颗粒大的离子交换树脂的交换速度往往会较慢，而颗粒小的离子交换树脂其交换速度会较快。另外，离子交换树脂的粒径是呈连续分布的。因此，离子交换树脂的粒径不能用一确定的数值来表示，而是用范围粒度来描述。所谓范围粒度，是指在规定粒径范围内离子交换树脂颗粒占全部树脂颗粒的百分含量。一般情况下，通用离子交换树脂的粒径分布范围为 0.315~1.25mm。它表示小于 0.315mm 的树脂颗粒和大于 1.25mm 的树脂颗粒的体积不能超过全部树脂颗粒体积的 5%。

同时，为了较好地反映离子交换树脂的颗粒大小，除了上述的范围粒度外，还有有效粒径、均一系数、上（下）限粒度 3 个评价指标。其中，有效粒径是指离子交换树脂颗粒按粒径大小由大到小排列，排列至 90% 体积的颗粒，则其中最小颗粒的粒径为有效粒径，单位为 mm，符号用 d_{90} 表示。将离子交换树脂的颗粒按球径从大到小进行排列，排列至 40% 体积的颗粒，其中最小颗粒的粒径用 d_{40} 表示。均一系数是指 d_{40} 与有效粒径 d_{90} 的比值，符号用大写字母 K 来表示。上（下）限粒度是指大于上限（小于下限）的树脂颗粒占全部树脂颗粒体积的百分含量。例如，对于通用离子交换树脂，规定其下限粒度应在 1% 以下，表示全部树脂颗粒中小于 0.315mm 的树脂颗粒体积不得大于全部树脂颗粒体积的 1%。

表 1-9 列出了几种离子交换树脂的粒径分布。

表 1-9　　几种离子交换树脂的粒径分布

离子交换树脂型号	D301	D001	201×7	001×7	D111
有效粒径 d_{90}/mm	0.416	0.469	0.431	0.487	0.362
均一系数 K	1.46	1.43	1.63	1.66	1.59

1.4.2.4　离子交换树脂的水溶性浸出物

将新的离子交换树脂浸泡在水里一段时间后，可以观察到水中有许多水溶性物质，称作离子交换树脂的水溶性浸出物。同时，水的颜色也不再是无色。如，苯乙烯系强酸性阳离子交换树脂在水中浸泡一段时间后，可以明显地观察到水的颜色由无色变成棕色。这是因为离子交换树脂生产过程中残留的低聚物及化工原料所导致。强酸性阳离子交换树脂的水溶性浸出物通常是低分子磺酸盐，而阴离子交换树脂的水溶性浸出通常是胺类和钠盐。

1.4.3 离子交换树脂的力学性能

离子交换树脂的力学性能是指树脂颗粒保持原有形状的完整性的性能，它是离子交换树脂中的一个重要指标。因为如果树脂颗粒在使用过程中不能保持其完整性，如发生裂痕或破碎，则树脂的性能就会受到影响。

工业生产上，使用的树脂如若发生破碎，原因主要包括新树脂本身有裂纹，或者是树脂颗粒在使用中受到摩擦力作用，或树脂受到水流压力作用，反复转型反应下树脂颗粒周期性地膨胀、压缩，或是因辐射、氧化等作用导致骨架破坏、树脂内部的化学应力导致裂痕等，则在对树脂进行反洗时，树脂粉末就会随着洗水而排出，结果导致树脂床层高度降低、水流阻力增大、树脂交换容量下降和管道阻塞等。生产上对离子交换树脂的力学性能提出了较高的要求，主要从离子交换树脂的耐磨性、离子交换树脂的裂球率等几个指标来评价离子交换树脂的力学性能。

1.4.3.1 离子交换树脂的耐磨性

离子交换树脂的耐磨性是指其耐受摩擦力作用的性质，是侧面评价树脂力学性能的一个指标。离子交换树脂在使用过程中，经常会受到摩擦力的作用。该摩擦力并不一定会立马破坏树脂的完整性，但经过一段时间的累加，会促使离子交换树脂颗粒造成破损。在强化摩擦作用的条件下测定树脂的耐磨性能，可以减少测定的时间，同时也对树脂的耐磨性提出了更高的要求。离子交换树脂的耐磨性通常用磨后圆球率（%）来表示。例如，201×7 离子交换树脂的磨后圆球率约为95%，001×7 离子交换树脂的磨后圆球率约为93%。

1.4.3.2 离子交换树脂的裂球率

由于离子交换树脂在生产过程中，其生产工艺的不合理或者是操作上的失误，常导致离子交换树脂产生裂纹甚至是破裂。同时，外力，如磁力搅拌作用力也会使树脂产生裂痕和破裂。裂球率表示有裂纹和破损的树脂颗粒占总树脂颗粒的比例，裂球率越小代表树脂颗粒的力学性能越好。

图 1-5 所示为陶氏离子交换树脂 M20 在使用前与使用后的扫描电子照片。从图中不难看出，该新离子交换树脂便有裂纹颗粒和破损颗粒（图 1-5（a）），在离子交换树脂使用后，树脂颗粒出现了许多裂纹，也有部分破损颗粒（图 1-5（b））。结果表明，陶氏离子交换树脂 M20 的裂球率较高。

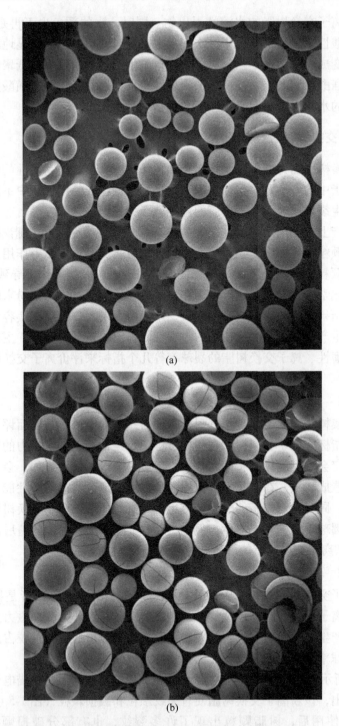

(a)

(b)

图 1-5　陶氏离子交换树脂 M20 的 SEM 图
(a) 新树脂；(b) 旧树脂

1.4.3.3　离子交换树脂的渗磨圆球率

离子交换树脂的渗磨圆球率是指将渗透压力、摩擦力和压力同时作用于树脂后再测定完好树脂颗粒所占的百分含量。具体操作过程是，首先往离子交换柱子内通入适量的酸（或碱）液，此时离子交换树脂的离子形态会发生一次转型，且经历了一次一个方向上的渗透压力。然后，往离子交换柱子内通入适量的碱（或酸）液，离子交换树脂的离子形态再次发生转型，且再次经历了一次与上次方向相反的渗透压力。最后，再将离子交换树脂在球磨机内进行滚磨后，测定离子交换树脂中圆球颗粒所占的百分含量即为渗磨圆球率。相比于磨后圆球率，渗磨圆球率更能全面地反映离子交换树脂的力学性能。

表1-10列出了几种常用离子交换树脂的渗磨圆球率。

表1-10　几种常用离子交换树脂的渗磨圆球率　　　　　（%）

树脂型号	D301	D001	201×7	001×7	D111	D201
渗磨圆球率	96.05	96.05	84.57	80.42	97.11	92.64

1.4.3.4　离子交换树脂的耐渗透性

离子交换树脂在转型过程中，树脂的体积会发生收缩或膨胀，期间树脂内部结构如果能够承受住这种体积上的变化，则该树脂颗粒就会保持完整，否则树脂颗粒就发生裂痕。因此，离子交换树脂在使用过程中，因为树脂周期性地发生转型反应，相应的树脂颗粒就会发生反复的膨胀和收缩，这样逐渐导致树脂颗粒出现裂痕。离子交换树脂的耐渗透性常用裂球率来表示，是树脂的一个重要性能指标，并与离子交换树脂的使用寿命有密切关系。

在同样疲劳试验周期数为2，酸碱接触时间不少于15min的条件下，001×7树脂和201×7树脂的裂球率分别为小于20%和小于10%。而在疲劳试验周期数达100，酸碱接触时间不少于15min的条件下，D001树脂、D201树脂、D111树脂、D113树脂和D301树脂的裂球率均小于1%，由此表明，大孔离子交换树脂的耐渗透性高于凝胶型离子交换树脂。另外，凝胶型离子交换树脂中，强碱性阴树脂的耐渗透性较强酸性阳树脂的耐渗透性好。此外，颗粒大的离子交换树脂的耐渗透性较差，在转型过程中容易破碎。因此，在比较离子交换树脂的耐渗透性时，应采用相同颗粒粒径的树脂进行比较。

需要指出的是，离子交换树脂的渗透裂球率、磨后圆球率和渗磨圆球率之间有一定的关系。表1-11为几种树脂样品的渗磨圆球率、磨后圆球率和渗透裂球率的测定结果。从表1-11中不难看出，渗磨圆球率D较高时，D值与磨后圆球率A、渗透裂球率B之间的关系式$C = A(1 - B)$的C值接近。

表 1-11 渗磨圆球率、磨后圆球率和渗透裂球率测定结果   （%）

树脂样品	渗磨圆球率 D	磨后圆球率 A	渗透裂球率 B	$C = A(1 - B)$
1	98.7	99.0	0.0	99.0
2	95.4	97.7	2.4	94.6
3	94.0	96.6	3.6	93.3
4	82.0	92.0	10.1	82.4
5	93.0	97.8	4.9	95.0

1.4.3.5 离子交换树脂的膨胀性

离子交换树脂的膨胀分为可逆膨胀和不可逆膨胀。可逆膨胀是指离子交换树脂的离子形态不同而体积不同，即当离子交换树脂从一种形态转型成另一种形态时，树脂的体积就会发生改变，且这种体积改变是可逆的，当树脂恢复成先前的离子形态时，树脂的体积就会恢复到先前的数值。离子交换树脂在转型过程中体积产生变化的原因主要是离子交换基团离解能力的不同和亲疏水性能力等不同。例如，某离子交换树脂骨架上的离子形成氢键或离子架桥等反应，树脂的体积就会发生较大的改变。

不可逆膨胀是指离子交换树脂的生产过程时间短和高分子链会缠结而未充分膨胀导致离子交换树脂的体积不稳定，待树脂在使用过程中高分子骨架得到充分膨胀后，树脂的体积即可稳定下来，同时离子交换树脂装入交换柱后，使用过程中柱内的树脂层高度会不断增加，这种膨胀是不可逆的，称作不可逆膨胀。影响树脂不可逆膨胀的因素有多种，主要是由于树脂生产的制造过程中，制造后处理的时间比较长、树脂转型和清洗较充分，则树脂的不可逆膨胀就会缩小。

离子交换树脂的交换基团可解离成一对正负离子即水合离子，其中固定电荷的水合离子是固定不变的，而反离子的水合离子是会随着离子的种类改变而发生变化的。换句话说，相同阳离子交换树脂所带离子形态不同时，其吸收水分能力就不同，因此树脂的体积也就不相同。阳离子交换树脂不同离子形态的体积从小到大排列是：K^+型 $\approx NH_4^+$型 $< Ca^{2+}$型 $< Mg^{2+}$型 $< Na^+$型 $< Li^+$型。同时，由于 H^+ 和 OH^- 水合离子半径很大，因此强酸性离子交换树脂中，H^+ 强酸性阳离子交换树脂和 OH^- 强碱性阴离子交换树脂的体积均比其他离子型的大。

弱碱性离子交换树脂中基团不能形成离子状态，而弱酸性离子交换树脂中羧酸基团对 H^+ 具有很强的结合能力。另一方面，弱酸性树脂 H^+ 型羧酸基之间会相互作用导致高分子链间结合更加紧密。因此，弱酸性经转型膨胀率最大，且弱碱性树脂在 H^+ 型和弱酸性树脂在游离胺型时体积是最小的。影响树脂转型膨胀的因素主要是反离子的种类和交联度，树脂的交联度改变则其转型膨胀率就会改变。离子交换树脂的交联度越高，树脂的转型膨胀程度就越小；而离子交换树脂的交换容量越高，树脂的转型膨胀程度越大。

阳离子交换树脂的转型膨胀率增加原因可能是树脂的高分子断裂，而阴离子交换树脂的转型膨胀率降低原因可能是树脂的交换容量下降、基团的脱落。

离子交换树脂的转型膨胀程度可用转型膨胀率 Z 来表示：

$$Z = \frac{V_B - V_A}{V_A} \times 100\% \tag{1-6}$$

式中，V_A、V_B 分别表示 A 离子和 B 离子型离子交换树脂的体积，单位 mL，且 $V_B > V_A$。强型离子交换树脂中，H^+ 和 OH^- 型体积最大，V_B 指 H^+ 型阳离子交换树脂和 OH^- 型阴离子交换树脂；弱型离子交换树脂中，H^+ 和游离胺型体积最小，用 V_A 表示。表 1-12 列出了几种常用的离子交换树脂的转型膨胀率。

表 1-12　几种常用离子交换树脂的转型膨胀率　　　　（%）

树脂种类	转型离子	转型膨胀率
大孔强酸型阳离子交换树脂	$Na^+ \longrightarrow H^+$	<5
凝胶强酸型阳离子交换树脂	$Na^+ \longrightarrow H^+$	<10
大孔弱碱型阴离子交换树脂	$OH^- \longrightarrow Cl^-$	<25
大孔强碱型阴离子交换树脂	$Cl^- \longrightarrow OH^-$	<10
弱酸型阳离子交换树脂	$H^+ \longrightarrow Na^+$	<70

1.4.3.6　离子交换树脂的耐热性

离子交换树脂的耐热性是指树脂在受热过程中仍然保持其物理化学性能的能力大小。例如，强碱性阴离子交换树脂在受热后的强碱基团容易脱落或者降解，导致其碱性降低和交换容量下降进而影响了使用的效果，说明该离子交换树脂的耐热性能较差。同时，研究离子交换树脂的耐热性可以明确该树脂的不同离子形态时耐热性的差异、树脂结构和耐热性间的关系、树脂长期使用时的允许温度、该树脂的热分解产物。测定离子交换树脂的耐热性的方法较简单，将待测树脂样品置于一定温度的溶液中，接触一段时间后，取样测定该树脂的各项理化性能指标的变化情况，即可判断该树脂的耐热性能。

通常，强酸性阳离子交换树脂的耐热性较高，最高使用温度可达 100 ~ 120℃。强碱性阴离子交换树脂受热后主要会发生基团的脱落和强碱基的降解。另外，季铵盐树脂的耐热性比季铵碱的耐热性好，故强碱性盐型树脂比强碱性氢氧型树脂的耐热性要好。此外，大孔强碱性阴离子交换树脂的耐热性比凝胶型树脂的耐热性好。同时，对不同阴离子交换树脂离子型的允许使用温度进行了规定，ROH 型树脂的使用温度是 40 ~ 60℃，RCl 型树脂允许的使用温度是 80℃。总的来说，离子交换树脂的热稳定性顺序一般为：

Ⅱ型强碱性树脂 < Ⅰ型强碱性树脂 < 弱碱性树脂 < 强酸性树脂 < 弱酸性树脂

1.4.4　离子交换树脂的化学性能

1.4.4.1　离子交换树脂的酸碱性

离子交换树脂的酸碱性指的是树脂解离氢离子或氢氧根离子的能力大小。在酸性溶液和碱性溶液中，氢氧根离子和氢离子虽是可以自由移动的离子，但就溶液体系来说呈电中性。对于离子交换树脂来说，树脂上的氢离子或者氢氧根离子是不会离开颗粒的，否则会导致体系电荷不平衡。因此，离子交换树脂的酸碱性不能直接像在溶液中测定氢离子浓度或氢氧根离子浓度，但是可以采用酸碱滴定，获得树脂的酸碱滴定曲线即可确定树脂的酸碱性。

离子交换树脂的酸碱滴定定时所需要的溶液有 0.1mol/L 的 HCl 溶液、1mol/L 的 KCl 溶液和 0.1mol/L 的 KOH 溶液。测定时取含量不多于 2.0mmol 交换容量的树脂试样 24 个，分别装入 250mL 锥形瓶，往每个锥形瓶中分别装入不同比例的 0.1mol/L 的 HCl 溶液、1mol/L 的 KCl 溶液和 0.1mol/L 的 KOH 溶液，摇动锥形瓶直到锥形瓶中的 pH 值不再变化为止，然后用 pH 值电极测定锥形瓶中溶液的 pH 值，再根据所得到的数值绘制滴定曲线。从酸碱滴定曲线的突跃区域可以看出树脂的酸碱性强和弱。突跃区域越陡峭，则树脂的酸（碱）性就越强；反之，滴定曲线越平缓，则树脂的酸（碱）性就越弱。另外，同种树脂的不同反离子交换基团，在滴定曲线上就会观察到有好几个滴定突跃。

此外，也可以采用将离子交换树脂彻底洗干净后放入去离子水中，此时水的 pH 值应约为 7，即中性。然后，往该水溶液中加入相应的酸或者碱溶液时，水溶液的 pH 值就会发生改变。在中和反应完成之前，如果水溶液 pH 值变化不明显的，则该离子交换树脂为强酸（碱）性树脂；反之，如果水溶液 pH 值逐渐发生变化的，则该离子交换树脂为弱酸（碱）性树脂。

1.4.4.2　离子交换树脂的选择性

离子交换树脂的功能基团上带有电荷，并与反离子相互吸引，其交换反应模型可以看作是具有多孔性海绵状的结构体。然而，离子交换树脂是有选择性的，其对某种或某些离子具有更高的亲和力，而对其他离子的亲和力较弱。正是这样，离子交换树脂才能实现分离的目的。相同离子交换树脂与不同离子进行交换反应时，其发生交换反应的优先顺序是不相同的。

对于高价态的离子溶液，当溶液的浓度发生变化时，树脂对离子的选择性顺序就会随之发生改变。例如，树脂从某一浓度的溶液中吸收不同离子的选择性顺序是：$F^- < HCO_3^- < Cl^- < NO_2^- < HSO_3^- < NO_3^- < ClO_3^- < HSO_4^- < SO_4^{2-} < Na^+ < NH_4^+ < K^+ < Mg^{2+} < Ca^{2+} < Al^{3+} < Fe^{3+}$。同时，离子交换树脂在浓溶液和稀溶液中对不同离子的亲和力是有差异的。因此，对于不同价态的离子，离子交换树脂对它们的选择性能力还要视该溶液的浓度而确定。

1.4.4.3 离子交换树脂的交换容量

离子交换树脂的交换容量是指单位体积或者单位质量的树脂所具的离子交换基团的量的总和，是评价树脂好坏的重要指标。离子交换树脂的交换容量分为质量交换容量和体积交换容量。其中，质量交换容量中又分为干基和湿基两种交换容量，单位是 mmol/g。需要知道的是，离子交换树脂质量随可交换离子不同而不同。因此，离子交换树脂的质量交换容量中须指明树脂的离子形态。离子交换树脂的体积交换容量通常是对于湿基树脂来说的，单位是 mmol/mL、mmol/L、mol/m³ 等。同样地，离子交换树脂堆积体积与其反离子形态有关。所以，离子交换树脂的体积交换容量也须指明树脂的离子形态。

同时，为方便使用和结合具体的测定条件，离子交换树脂的交换容量还有全交换容量、工作交换容量、饱和交换容量、表观交换容量、穿漏交换容量：

（1）全交换容量是指单位体积或质量的离子交换树脂中全部活性基团的数量，单位为 mmol/mL 或 mmol/g。

（2）工作交换容量是指在实际应用中某一特定工作条件下，树脂达到某一终点时所实际交换的容量。

（3）饱和交换容量是指离子交换树脂在某一特定条件下超过终点后继续使用，直至达到饱和状态，此时树脂所达到的交换容量即为饱和交换容量。

（4）表观交换容量是指在某种特定实验条件下，离子交换树脂的离子交换容量。

（5）穿漏交换容量是指使用离子交换柱子前提下，从流出液中出现需要去除的离子时，树脂表现出的离子交换容量。

通常工作交换容量小于全交换容量；饱和交换容量高于工作交换容量但略低于全交换容量；表观交换容量视树脂粒径、孔径等具体情况而定，有时高于全交换容量，有时低于全交换容量；穿漏交换容量总是低于全交换容量。表 1-13 列出了几种阴离子（氢氧根型或游离胺型）交换树脂的交换容量。

表 1-13　几种阴离子交换树脂的交换容量

离子交换树脂种类	201×4	201×7	D301	D201
质量全交换容量（不小于）/mmol·g⁻¹	4.0	3.5	4.5	4.0
体积全交换容量（不小于）/mmol·mL⁻¹	0.95	1.0	1.3	1.0

1.4.4.4 离子交换树脂的抗氧化性

离子交换树脂的抗氧化性是指树脂耐受氧化剂作用而不发生高分子断裂的能力的强弱。苯乙烯和二乙烯苯交联的离子交换树脂抗氧化剂作用的能力是较强的。同时，离子交换树脂的交联度越高，树脂的抗氧化性能越好。

1.4.5　离子交换树脂的交换性能

离子交换树脂与吸附剂均能从溶液中吸附某离子，故离子交换树脂的基本原理与吸附剂的吸附原理有相似之处，都是离子交换树脂上的反离子与溶液中符号相同的反离子进行交换反应。但是，离子交换树脂与吸附剂又有着不同的地方，主要表现为离子交换过程是一个化学计量的过程，即离子交换树脂可以从溶液中交换与其交换离子等当量的符号相同的反离子，同时取代出原来存在于离子交换树脂上的等当量的反离子。离子交换树脂的交换反应主要为吸附与解吸。

1.4.5.1　离子交换树脂的预处理

离子交换树脂的预处理主要是指对新树脂开展处理。由于新的离子交换树脂的结构未稳定，待树脂经过反复转型后结构才可稳定下来。同时，树脂在生产的过程中，往往会夹带杂质，如铁锈、沙粒、包装材料碎片等。另外，不同厂家生产的离子交换树脂的出厂形式不同。此外，离子交换树脂的干湿状态不同，树脂颗粒的体积不稳定。因此，从包装袋内取出的新树脂不能直接使用，需要经过一定的处理，包括水洗除去杂质、酸碱交替反复浸泡等，以使树脂处在稳定的状态和已知的离子形态。这便是离子交换树脂的预处理。

1.4.5.2　离子交换树脂的吸附

离子交换树脂带有可交换的离子，阴离子或者阳离子，可与溶液中的离子发生交换反应。离子交换树脂的吸附是指离子交换树脂上的可交换离子（反离子）与溶液中同电荷的离子发生交换反应。阴离子交换树脂的典型交换反应为：

$$R\text{—}Cl+OH^- \Longrightarrow R\text{—}OH+Cl^- \tag{1-7}$$

阳离子交换树脂的典型交换反应为：

$$R\text{—}Na+H^+ \Longrightarrow R\text{—}H+Na^+ \tag{1-8}$$

式中，R 代表离子交换树脂的骨架，不同的离子交换树脂其骨架结构不同，因而具有不同的离子交换功能。

1.4.5.3　离子交换树脂的解吸

离子交换树脂的交换反应类似于溶液中发生的置换反应，树脂上高聚物功能基团上吸附的可交换离子与溶液中的同类型离子进行交换反应。此时，溶液中的同类型离子会被吸附到树脂而树脂上的反离子会进入溶液。但是当两种离子的浓度差改变时，即溶液中存在大量的反离子，则被吸附上树脂的溶液中的同类型离子便会被反离子替换下来，即发生吸附反应的可逆反应。这便是树脂的解吸。

例如，磺酸型树脂可解离出氢离子，氢离子在溶液中自由移动而扩散到溶液中且溶液中存在大量的钠离子。此时，由浓度差提供的推动力（浓度差越大，交换速度越快）就会使得溶液中的钠离子扩散到树脂的孔内，与氢离子发生交换反应。但是，当溶液变成浓度很高的酸溶液时，溶液中的氢离子便会与树脂上的钠离子发生交换反应，即把吸附在离子交换树脂上的钠给解吸下来。

1.4.5.4　离子交换树脂的再生

离子交换树脂的再生是指对使用过的树脂采用合适的酸碱反复浸泡处理，使离子交换树脂恢复到需要的离子形态，以便进行反复使用。同时，使用过的离子交换树脂通常会受到各种物质的污染，如机械夹杂、污泥、铁的污染、钙的污染、硅的污染、有机物的污染、其他树脂的污染等。由于污染物可能会破坏离子交换树脂交换基团的性能或者与反应物发生作用而影响使用效果。因此，使用过的离子交换树脂在再次投入使用前，需要对树脂进行再生处理，以使树脂恢复到原来的离子形态和保持稳定的结构状态。

不同的离子交换树脂其再生的条件不同，强酸性阳离子交换树脂的再生可以采用2mol/L的盐酸或硫酸溶液进行浸泡后，用去离子水进行洗涤，直至洗至出水为中性为止。弱酸性阳离子交换树脂通常采用0.5mol/L的盐酸或硫酸溶液进行再生，强碱性阴离子交换树脂可以用2mol/L的氢氧化钠溶液进行再生，弱碱性阴离子交换树脂采用5%的氢氧化钠溶液进行再生，其余步骤相同。

1.4.5.5　离子交换树脂的交换过程

离子交换树脂的交换反应用通式A+B→E+F，其中A代表离子交换树脂，B代表溶液中的离子，E代表吸附了溶液中离子的交换基团，F代表树脂上的反离子，如图1-6所示。

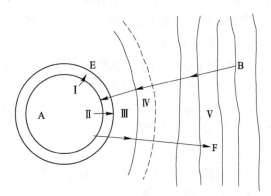

图1-6　离子交换树脂的交换过程

Ⅰ—树脂交换基团；Ⅱ—树脂颗粒表面；Ⅲ—交换反应层；Ⅳ—液膜层；Ⅴ—溶液层

离子交换反应的过程可用5个步骤来表示：

（1）溶液中的离子B从溶液层（Ⅴ）通过树脂颗粒表面的液膜层（Ⅳ）扩散到树脂颗粒的表面（Ⅱ）。

（2）溶液中的离子B从树脂颗粒的表面扩散到树脂颗粒内部的交换基团处（Ⅰ）。

（3）到达树脂交换基团处的溶液中离子B与树脂基团上的反离子F发生离

子交换反应（Ⅲ）。

（4）被交换下来的反离子 F 从交换基团处向树脂颗粒表面扩散。

（5）反离子 F 通过液膜扩散到溶液中。

上述离子交换过程的 5 个步骤中，步骤（1）和步骤（5）也称为膜扩散，即离子通过液膜的扩散；步骤（2）和步骤（4）也称为颗粒扩散，即离子通过树脂颗粒的表面；步骤（3）是化学反应，该步骤的速度较快。需要指出的是，离子交换树脂交换过程的 5 个步骤的速度是不相同的，其中最慢的步骤会决定整个离子交换过程的总体速度，该步骤也称为控制性步骤。

1.5　离子交换树脂的生产方法

如前面所述，离子交换树脂主要是由网状交联聚合物，即骨架连接活性基团构成。因此，离子交换树脂的生产通常分两步完成，首先是由单体物聚合，合成所需要的网状交联聚合物，即骨架。然后是在合成的骨架上引入离子交换基团。当然，也有的是一步完成，即由含离子交换基团的单体直接聚合而成，或者是在单体聚合过程中同时引入离子交换基团。

1.5.1　离子交换树脂骨架的合成

离子交换树脂的骨架合成有加成聚合和逐步聚合两种方法，下面简要介绍采用加成聚合法制备四种主要类型的离子交换树脂骨架的步骤。

1.5.1.1　大孔型离子交换树脂

制备大孔型离子交换树脂的骨架时，先将不参与反应的致孔剂，如溶液汽油、石蜡等暂时填充于网格空隙中，待骨架形成并固化以后，再将致孔剂除去，大孔离子交换树脂的骨架便完成。制备过程中，可先制备低交联度的骨架，再让该骨架吸收苯乙烯和二乙烯苯，反复聚合。

1.5.1.2　凝胶型离子交换树脂

制备凝胶型离子交换树脂的骨架时，先把含双键的单体物（如丙烯酸或苯乙烯等）和交联剂（带有多个双键的单体，如二乙烯苯等）加入含分散剂（如聚乙烯醇、油酸钠、碳酸镁、硅酸镁、磷酸镁、丙烯酸钠等）的水溶液当中，经加热搅拌，在引发剂或是催化剂（如偶氮二异丁腈、过氧化苯甲酰等）的作用下，通过悬浮聚合，即可制得凝胶型离子交换树脂的骨架。需要指出的是，当改变分散剂种类、搅拌强度和调整水溶液黏度时，可控制凝胶型骨架的不同粒度，并得到圆球率较高的树脂产品。

1.5.1.3　弱酸性离子交换树脂

弱酸性离子交换树脂最早是用缩聚法合成的，将带有功能基的单体，如甲基丙烯酸与交联剂 DVB 发生共聚反应，可直接制得弱酸性阳离子交换树脂。需要指出的是，在制造过程中，为了减少该酸性类单体的水溶解性，可采用相应的酯类来代替，聚合后再去进行水解反应。

1.5.1.4　螯合性离子交换树脂

螯合性离子交换树脂的骨架可以采用单体乙烯咪唑与 DVB 发生共聚反应，制得一种通用性骨架。用该通用性骨架制得的螯合树脂的特点是其骨架上的氮原子也能作为配位原子，并与活性基团上的另一配位原子共同参与成环反应，与反离子形成环状配合物。同时，采用含乙烯咪唑的骨架，可制成一系列含氮化物、硫化物的各种螯合性离子交换树脂。

当然，除了上述的加成聚合法制备树脂骨架外，还可以采用逐步聚合法合成树脂的骨架。即在制备惰性骨架的同时引入活性基团（两种带有功能基的单体，如苯酚与甲醛）。但是，因这种方法制得的树脂不易研磨，现在多采用悬浮缩聚法制备。悬浮缩聚法的具体操作是在具备本氯苯或变压器油等介质的条件下，直接进行分散综合反应，便可制得球形颗粒。

1.5.2　离子交换树脂的功能基反应

如前所述，在制得树脂的骨架后，进行功能基反应，如水解反应、磺化反应等，引入功能基，便可制得各种型号的树脂。

1.5.2.1　强酸性阳离子交换树脂

制备强酸性阳离子树脂时，先由苯乙烯与二乙烯苯经悬浮缩聚反应制得交联聚苯乙烯后，再采用硫酸进行磺化反应，即可制得磺酸型强酸性阳离子交换树脂。该强酸性阳离子交换树脂强度好，循环使用周期数高。其中，凝胶型的树脂为淡黄色透明球形颗粒，大孔型的树脂为乳白色球形颗粒。

1.5.2.2　中强酸阳离子交换树脂

含有膦酸基的离子交换树脂属于中强酸性树脂。制备中强酸阳离子交换树脂时，将制得的苯乙烯树脂用 PCl_3 进行膦化反应（在 $AlCl_3$ 催化剂作用下），再经碱水解反应，最后用硝酸等氧化即可制得膦酸型阳离子交换树脂。当然，也可以将交联剂聚苯乙烯先氯甲基化后再进行膦化和氧化制得。

1.5.2.3　弱酸性阳离子交换树脂

弱酸性阳离子交换树脂可由丙烯酸甲酯或甲基丙烯酸甲酯与二乙烯苯等发生共聚反应，再经水解制得，也可直接由丙烯酸类的单体发生交联共聚制得。弱酸性阳离子交换树脂的功能基通常是羧酸，具有再生率好的特点。

1.5.2.4　强碱性阴离子交换树脂

强碱性阴离子交换树脂可由交联剂聚苯乙烯经氯甲基化后，用三甲胺进行胺化反应得到 I 型强碱性阴树脂，或用二甲基乙醇胺进行胺化反应得到 II 型强碱性阴树脂。其中，Ⅰ型强碱性阴树脂较Ⅱ型强碱性阴树脂的碱性强，但Ⅰ型强碱性阴树脂较Ⅱ型强碱性阴树脂的再生效率差。

1.5.2.5　弱碱性阴离子交换树脂

制备弱碱性阴离子交换树脂与强碱性阴树脂类似，但是所采用的胺盐要更弱，如伯胺—NH_2、仲胺—NRH 和叔胺—NR_2。当然，也可用多乙烯多胺和环氧氯丙烷通过逐步共聚合反应制得，也可由苯酚、甲醛与各种胺经过缩聚反应制得。

综上，离子交换树脂的生产方法制备过程如图 1-7 所示。

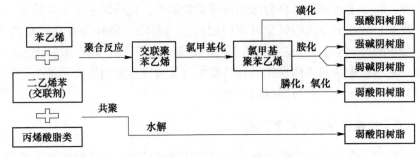

图 1-7　离子交换树脂的制备过程

1.6　离子交换树脂的应用情况

如前所述，离子交换树脂是一种高分子化合物，不溶于酸和碱，也不溶于许多有机溶剂，同时离子交换的反应是可逆的，即使用后的树脂可以通过再生而循环使用。因此，离子交换树脂的用途非常广泛，在水的处理、制药、食品、冶金等领域有着广泛的应用，具有效率高、处理能力大等优点。

1.6.1　离子交换树脂在水处理方面的应用

离子交换树脂产品 90% 用于水的处理，如用于水的软化、提纯、脱盐、废水的治理等，原理主要是利用离子交换树脂对水中的阴阳离子的选择性交换。

1.6.1.1　水的软化

自来水中常含有钙、镁等离子，当其含量达到 0.4mmol/L 时，该水称为硬水。硬水虽然不会对健康造成直接危害，但常常会结成水垢，尤其是锅炉用水时，水中含有的 HCO_3^- 在加热时会与硬水中的 Ca^{2+} 和 Mg^{2+} 生成 $CaCO_3$ 和 $MgCO_3$ 沉淀，导致锅炉在运行中结垢，产生安全隐患。因此，锅炉用水宜用软水而不是硬水，采用离子交换树脂对硬水进行处理，可改善水的硬度，变成软水。反应原理是阳离子交换树脂如 732 型树脂上的可交换离子 H^+ 与硬水中的 Ca^{2+} 和 Mg^{2+} 交换，从而减少了水中的钙镁含量，达到软化水的目的。离子交换树脂用于软化水时，除了能减少水中的钙镁含量，还能有效降低水中的碳酸盐含量。

1.6.1.2　水的脱盐和提纯

随着工业用水对水质要求的逐渐提高，如半导体、集成电路对用水的要求是使用无盐水或者纯水甚至是超纯水。采用离子交换树脂制备无盐水的技术较成熟，反应原理是通过离子交换反应去除水中的全部溶解性盐类和游离态的酸碱离子。操作时先将原水通过装有阳离子交换树脂的交换柱除去原水中的阳离子，再将该水通过装有阴离子交换树脂的交换柱除去原水中的阴离子，即可制得无盐水。在制得了无盐水的基础上，控制水中的各种金属离子的含量、微生物的数量和有机质的含量等，即可获得纯水和高纯水。

1.6.1.3　工业废水的处理

离子交换树脂用于工业废水的处理技术日趋成熟，应用广泛，具有操作简单、流程短和工艺稳定等特点。叶一芳等人研究了阳离子交换树脂去除废水中的汞离子，研究结果表明，采用离子交换法处理废水中的汞离子，可保证废水达标排放，且排放的废水可以作为冷却水回用。同时，采用离子交换树脂处理后的水起到了脱色作用，水质更清澈透明。张荣斌等人采用大孔巯基离子交换树脂处理含汞废水，结果表明，经树脂处理后的水质含 Hg 量可降至 $0.05×10^{-6}$ 以下。

工业废水中除含汞离子外，还含有铜、铬、铅等重金属离子。利用螯合树脂对铜的配位能力，成分复杂的含铜废水可采用螯合树脂来处理。张剑波等人采用大孔强酸性离子交换树脂处理含铜废水，研究结果表明，离子交换树脂的交换容量越大和性能越稳定，对废水的除铜效果越好。铬在废水中以 3 价和 6 价存在，其中 6 价铬的毒性很强，当水中铬含量大于 0.1mg/L 时，就会对人体产生严重危害，同时含量超标的含铬废水流入农田，经食物摄入人体，将会引起人体皮肤、黏膜等刺激，甚至引起癌症。吴克明等人采用大孔弱碱性阴离子交换树脂 D370 处理含铬的钢铁钝化废水，探究了振荡时间、体系 pH 值、树脂用量等因素对铬去除的效果，结果表明，通过动态实验可实现 6 价铬的有效去除。S. Kocaoba 等人采用 Amberlite IR120 强酸性阳离子交换树脂处理废水中的 Cr 和 Gd。

此外，张丽珍等人探究了 4 种不同离子交换树脂对含酚废水的处理，研究结果表明，4 种树脂中属大孔性离子交换树脂的处理效果最好，同时废水中的酚浓度越高，去除废水中的酚就越多，以及废水的 pH 值对树脂除酚的影响较大。陈建林等人采用大孔型离子交换树脂处理某染料化工厂的高浓度含酚废水，结果表明，该树脂对酚的吸附容量达到 600mg/g，酚的回收率为 96%。张建国开展了强碱性阴离子交换树脂 201×7 对钼酸盐的吸附研究，结果表明，与钼酸盐相比，树脂吸附低价钼酸盐的速度要慢得多。原因主要在于低价钼酸盐主要以六聚合物与树脂发生交换反应，而钼酸盐主要以四聚合物与树脂发生交换反应，加上凝胶型离子交换树脂的孔径小，因而低价钼酸盐聚合物在树脂中的扩散阻力就加大，从而导致了树脂与其交换反应的速度降低。

1.6.1.4　盐溶液中有用元素的提取

利用离子交换树脂的选择性吸附特性，可以从盐溶液中提取有用的元素。王敏采用大孔强碱性离子交换树脂 D296 处理某含 Re（铼）120mg/L 的铜冶炼废水，结果表明，D296 树脂对 Re 表现出较好的吸附能力。吸附 Re 的树脂经过铵盐解吸后，得到含 Re 的解吸液再经洗涤和蒸发结晶，可制得铼酸铵产品。

1.6.2　离子交换树脂在制药方面的应用

离子交换树脂作为生物分离中的基本方法，在制药方面包括微生物制药和生物制药中得到了广泛的应用，主要包含药物分离纯化和制剂、水的处理等方面。

1.6.2.1　药物的分离纯化应用

A　药物的初步分离与浓缩

由于从动物、植物和微生物及其代谢产物中提取的生物药物含量往往较低，加上生物活性物质受热不稳定，故不能采取蒸发结晶的方式来浓缩生物活性物质。而采用离子交换树脂则是一种有效的方式。运用离子交换树脂分离生物活性物质时，需要考虑提取物的解离性，如氨基糖苷类抗生素中含有酸性基团，新霉素、链霉素、卡那霉素等为碱性基团，它们在中性或弱酸性条件下是以阳离子形式存在。因此，采用阳离子交换树脂对它们进行提取。再如，氨基酸是两性物质，含氨基和羧基，不同 pH 值条件下氨基酸表现出不同的酸碱性。因此，要视具体情况来选择适合的阳树脂或者阴树脂。

B　杂质离子的排出

细胞的培养液或发酵液中或多或少的还残留着 Mg^{2+}、Ca^{2+}、Fe^{3+} 等无机离子，这些离子会影响药产品的质量。同时，某些与抗生素理化性质相近的链霉胍、二链霉胺等有机阳离子杂质，宜采用交联度高的氢型磺酸型树脂予以除去，即起到脱盐的目的。

C　交换液的中和

含生物药物的药液经离子交换树脂进行脱盐后，交换液变成了酸性，需要采用弱碱性羟基型树脂进行中和，得到精制液。采用离子交换树脂中和的优点是达到中和的同时反应副产物是 H_2O，有利于产品质量提高。

D　精制液的脱色

色素是微生物在发酵过程中产生的代谢产物，不同的菌种和发酵条件产生的色素不同。利用离子交换树脂对—COOH、—OH、—NH$_2$ 等各种极性基团有极强的亲和力，色素常用离子交换树脂来予以脱去。

E　精制液的提纯（精制）

通常，采用离子交换色谱法对生物大分子进行纯化。层析时，可选择分部洗脱或梯度洗脱或恒定溶液洗脱。

1.6.2.2 制剂领域的应用

离子交换树脂在制剂中的应用主要表现在控释、定位给药、透皮给药、掩盖药物苦味和局部给药等方面：

（1）缓控释给药。John 等人将离子交换树脂与药物复合物装入胶囊，混悬于液体中或者将骨架材料压成颗粒制剂。这种形式的药物比普通的药物释放和吸收得都要缓慢。

（2）掩盖药物的不良味道。宋韵梅利用离子交换树脂的交换性能，将主药与树脂反应合成了树脂复合物混悬于液体中，患者口服该液体制剂便不会感觉到苦味。

（3）眼部给药。Jungherr 等人探究了含水溶液载体和药物树脂的复合物，用于治疗青光眼时，不会刺激眼球。

1.6.3 离子交换树脂在食品方面的应用

1.6.3.1 糖类

离子交换树脂用于制糖生产已有 60 多年的历史，主要表现在用于糖液，包括蔗糖、果糖、乳糖、木糖、饴糖、葡萄糖等糖类的脱盐、脱色、软化、糖的转化、副产品的回收等方面。其中，副产品的回收有，生产结晶糖的母液糖蜜采用离子交换树脂处理后，可得到乳酸和柠檬酸。同时，离子交换树脂还可以用于分析出糖类中含无机盐的量，以及用于梨酱保鲜、软糖去酚、糖色回收、天然甜味剂（甜叶菊甙、甘草酸等）的提取和葡萄糖的改进等方面。可以说，离子交换树脂在糖类的应用仅次于树脂在水处理的应用。

1.6.3.2 乳制品

离子交换树脂应用于乳制品，如牛奶，经树脂处理过的牛奶的热稳定性会得到大大提高，牛奶中的钙含量可接近母乳，可增加乳糖结晶和利于乳清的改性。

1.6.3.3 酒类

用离子交换树脂处理过的白葡萄酒，其柠檬酸、酒石酸、水杨酸的含量会有效降低，从而根据需要调节多种酒的味道。同时，对于一些酸度较低的酒，也可采用离子交换树脂进行处理来调高其酸度。例如，原酒的 pH 值为 2.35~3.65，经离子交换树脂处理后，该酒的酸度提高至 1.88~2.77。此外，用离子交换树脂可有效去除酒中的硫、钾、铜和锰的含量及其他阴离子杂质，以使酒的存放时间得到有效提高，从而改善了酒的色、香和味。

1.6.3.4 油脂类

离子交换树脂用于油脂的处理时，采用亲油大孔性氢氧型树脂除去动植物等天然油中的脂肪族酸性物质。同时，离子交换树脂还可用于除去油脂中的咖啡因，催化油脂中氧化的 Cu、Mn、Fe 等金属离子。此外，油脂的脱色和除酚、除臭、氢化和环氧化等也可以采用离子交换树脂来实现。

1.6.3.5　其他类

除上述提及的食品类别外，离子交换树脂还可用于味精的制备、咖啡碱的分离与提取，海产食品的除味以及各种食品添加剂的纯化和食品分析检测等方面。

1.6.4　离子交换树脂在冶金方面的应用

离子交换树脂用于有色冶金主要表现在从贫细矿中提取有价金属元素，也可用于溶液中的分离、浓缩与纯化。钨矿的湿法冶炼中，离子交换工艺就是采用离子交换树脂 201×7 对钨酸根阴离子的亲和力，分离与富集钨矿分解液中的钨浓度，同时实现了钨酸钠溶液转型成钨酸铵溶液的目标。王惠君等人研究了 110 树脂吸附铜的行为，结果表明，在 HAC-NaAc 缓冲溶液（pH 值为 4.19）中，该树脂可以达到吸附 Cu^{2+} 的最佳值。姜锋等人探究了萃淋离子交换树脂对钪元素的提取，研究结果表明，萃淋树脂能够改变萃合物在多聚物中的存在形态，以及改变萃合物的组成，从而使钪的提取率得到有效提高。

离子交换树脂还可用于分离稀土元素，也可用于从金矿分解液中分离金与银。同时，离子交换树脂在铀冶炼、钼冶炼、铼冶炼等有色金属的冶炼都有涉足。

此外，离子交换树脂在有机化学领域，如酯化反应、水解反应、烷基化反应等和环境保护等领域均有着广泛的应用。

2 钨及钨矿概述

2.1 钨与钨化合物介绍

2.1.1 钨及其化合物的性质

钨（W）是一种稀有金属元素，于 1781 年由瑞典化学家 C. W. Scheele 发现，1900 年在巴黎世界博览会首次展出了钨合金高速钢和钨丝灯泡，1927~1928 年成功研制出碳化钨基硬质合金。金属钨外形似钢，呈银灰色，具有良好的抗腐蚀性、电和热的传导性，较小的电子逸出功和较低的膨胀系数。

金属钨的主要物理性质见表 2-1，金属钨的沸点、熔点和密度在所有金属中排列最高，分别为 5700 ± 20℃、3410 ± 20℃ 和 1.935g/cm³（25℃）。金属钨的蒸汽压在所有金属中排列最低，为 3.38×10^{-13}（1727℃）。同时，当温度超过 1650℃ 时，金属钨的抗拉强度在所有金属中位居首位。此外，钨在元素周期表中第六周期第Ⅵ副族，原子序数是 74，可以呈现 -2、-1、0、+2 等多种价态。但在钨的稳定化合物中，钨主要显示 +6 价，也有显示 +2、+4、+5 价，钨呈现多种价态是因为 W 的外层电子排布所导致（$5d^4 6s^2$）。

表 2-1 金属钨的主要物理性质

物理性质	数值	物理性质	数值
沸点	(5700±20)℃	蒸汽压（1727℃）	3.38×10^{-13}
熔点	(340±20)℃	熔化点	(40.13±6.67) kJ/mol
密度（25℃）	1.935g/cm³	升华热（25℃）	847.8kJ/mol
电阻率（25℃）	$5.5 \times 10^{-6}\Omega \cdot cm$	蒸发热	(823.85±20.9) kJ/mol
热导率（27℃）	178W/(m·K)	弹性模量	(3.5~3.8)×10⁵kg/mm²
热熔（20~100℃）	$4.59 \times 10^{-6} K^{-1}$	电子逸出功	4.8eV

致密金属钨的化学性质非常稳定。据报道，在 400℃ 时，金属钨只会发生轻微的氧化反应，若继续加热到 500~600℃ 时，金属钨会发生迅速氧化反应而生成 WO_3。在有 H_2 气氛条件下，一直加热到钨的熔点时，致密金属钨都不会发生任何化学反应。而在有 N_2 气氛时，需要加热到 2000℃，致密金属钨才会发生化学反应，并生成相应的氮化物。

室温下，任意浓度的盐酸、硝酸、硫酸和氢氟酸甚至王水都不会使钨发生化学反应。当一直加热到 80~100℃ 时，金属钨也只是会与硫酸和盐酸发生微弱的化学反应。但是，在硝酸溶液和王水溶液中，金属钨在 80~100℃ 时会呈现比较明显的腐蚀，而在氢氟酸和王水组成的混合溶液中，钨则是会发生迅速溶解反应。另外，室温下金属钨不与碱性溶液发生任何反应，在有氧化剂存在且高温高压条件下，金属钨才会与碱发生剧烈反应而生成相应的钨酸盐。

常见的钨的化合物主要有含钨的氧化物、卤化物、碳化物、钨的同多酸及其盐类、钨的杂多酸及其盐类。

2.1.1.1　钨的氧化物

W-O 系中存在四种氧化物，分别是三氧化钨（WO_3）、二氧化钨（WO_2）及中间氧化物（$WO_{2.72}$ 和 $WO_{2.90}$），其氧分压相平衡图如图 2-1 所示。

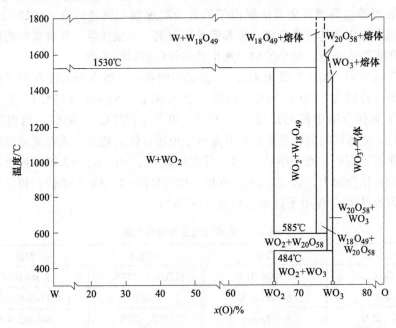

图 2-1　钨-氧系平衡状态（总压力 0.1MPa）

三氧化钨是一种黄色粉末，又称黄钨，属酸性氧化物，其密度为 7.2~7.4g/cm^3，熔点为 1472℃，沸点为 1837℃，能溶于碱性溶液而生成相应的钨酸盐。在 800~900℃ 时，氢、碳或一氧化碳等还原剂可以将三氧化钨还原为低价钨。同时，在约 800℃ 以上时，三氧化钨能够显著升华。此外，除氢氟酸以外的其他所有无机酸，均不会与三氧化钨发生任何化学反应。

二氧化钨是一种深褐色粉末，可通过在 570~600℃ 下用氢气还原三氧化钨而得到，其生成热为（589±6.3）kJ/mol。二氧化钨不溶于水、碱溶液和稀无机酸，但与硝酸能发生氧化反应并生成三氧化钨。

中间氧化物 $WO_{2.90}$ 和 $WO_{2.72}$ 均可通过还原 WO_3 而得到。其中，$WO_{2.90}$ 是一种蓝色粉末，又称蓝钨，其生成热为 807.5kJ/mol。$WO_{2.72}$ 是一种紫色粉末，又称紫钨，其生成热为 754.0kJ/mol。此外，在氢气气氛下，450℃时，钨酸铵会发生离解生成铵钨青铜，其分子可以近似写成 $[(NH_4)_2O]_{0.15\sim0.30} \cdot WO_{2.8\sim3.0}$。

2.1.1.2 钨酸及钨酸盐

钨酸可分为钨同多酸和钨杂多酸。其中，钨同多酸主要有黄钨酸、白钨酸、偏钨酸和仲钨酸。钨杂多酸主要有磷钨杂多酸、硅钨杂多酸和砷钨杂多酸。

将浓盐酸溶液分别倒入到热的钨酸钠溶液和冷的钨酸钠溶液中，充分搅拌后，可以分别生成黄钨酸和胶态白钨酸，它们的化学分子式均为 H_2WO_4。黄钨酸在高于180℃时会脱水生成三氧化钨，而白钨酸则没有固定的脱水温度。同时，钨酸在水溶液和盐酸溶液中的溶解度比较小。

将稀盐酸缓慢加入到钨酸钠溶液中，WO_4^{2-} 将会随着 pH 值的不断降低而发生一系列的聚合反应，WO_4^{2-} 酸化的聚合反应历程见表 2-2。

表 2-2 WO_4^{2-} 酸化的聚合反应历程

反应物	pH 值	反应速率	生成物
正钨酸根离子（WO_4^{2-}）	6	很快	仲钨酸根离子 A（$HW_6O_{21}^{5-}$）
	4	很快	ψ-偏钨酸根离子（$HW_6O_{20}^{3-}$）
	1		氧化钨水合物（$WO_3 \cdot 2H_2O$ 及 $WO_3 \cdot H_2O$）
仲钨酸根离子 A（$HW_6O_{21}^{5-}$）		很慢	仲钨酸根离子 Z（$W_{12}O_{41}^{10-}$）
ψ-偏钨酸根离子（$HW_6O_{20}^{3-}$）		很慢	偏钨酸根离子（$H_2W_{12}O_{40}^{6-}$）
ψ-偏钨酸根离子（$HW_6O_{20}^{3-}$）	1		氧化钨水合物（$WO_3 \cdot 2H_2O$ 及 $WO_3 \cdot H_2O$）

由表 2-2 可以看出，当体系 pH 值为 6 左右时，会生成仲钨酸根离子（反应式 (2-1)），而继续降低 pH 值至 4 左右时，会生成偏钨酸根离子式 (2-2)。同时，在钨酸钠溶液酸化的过程中，如果溶液中存在 P、As 或 Si 等能够提供配阴离子的中心原子时，WO_4^{2-} 则会与这些阴离子结合并形成如 $[PW_{12}O_{40}]^{3-}$、$[AsW_{12}O_{40}]^{3-}$、$[SiW_{12}O_{40}]^{3-}$ 等类型的钨杂多酸（式 (2-3)~式 (2-5)）：

$$14H^+ + 12WO_4^{2-} = W_{12}O_{41}^{10-} + 7H_2O \tag{2-1}$$

$$9H^+ + 6WO_4^{2-} = HW_6O_{20}^{3-} + 4H_2O \tag{2-2}$$

$$PO_4^{3-} + 12WO_4^{2-} + 27H^+ = H_3[P(W_{12}O_{40})] + 12H_2O \tag{2-3}$$

$$AsO_4^{3-} + 12WO_4^{2-} + 27H^+ = H_3[As(W_{12}O_{40})] + 12H_2O \tag{2-4}$$

$$SiO_4^{4-} + 12WO_4^{2-} + 28H^+ = H_4[Si(W_{12}O_{40})] + 12H_2O \tag{2-5}$$

钨杂多酸具有较大的相对分子质量，其形成的溶液密度大且黏稠。另外，相比于母体酸而言，钨杂多酸的酸性要强得多。同时，钨杂多酸盐比钨杂多酸更稳定。此外，钨杂多酸极易溶于水，且在碱性溶液中会分解。但是，某些钨杂多酸碱金属盐，尤其是钨杂多酸铷盐和铯盐，其溶解度均很小，以及其铵盐如砷钨酸铵、磷钨酸铵均为难溶于水的化合物。

钨酸盐主要有钨酸钠、仲钨酸钠、铵钠复盐及其他碱土金属盐类，如仲钨酸铵（APT）、偏钨酸铵（AMT）和十二磷钨杂多酸铵。

钨酸钠极易溶于水，是市场中较为常见的钨产品之一。钨酸钠在水中的溶解度随温度的升高而增加，但是当溶液中含有 NaF、$NaNO_2$、Na_3PO_4 等钠盐时，钨酸钠在水中的溶解度会不同程度地降低。在弱还原气氛下，钨酸钠会被氢还原成钨青铜。当温度高于 1000℃ 时，钨酸钠与碳作用，其 W 会与 C 结合生成碳化钨，其 Na_2O 会转化成钠蒸气。若钨酸钠的这一性质能够在钨冶炼制取仲钨酸铵产品中得到应用，则能省去钨酸钠转型过程而大大缩短生产流程，同时能减少钠盐和氨氮的排放量，有利于降低成本和环境保护。

仲钨酸铵是工业上普遍流通的商品，其分子式为 $5(NH_4)_2O \cdot 12WO_3 \cdot nH_2O$。仲钨酸铵可由钨酸铵溶液蒸发结晶制得，即钨酸铵溶液通过采用水蒸气加热，脱氨不断酸化至溶液 pH 值为 6.5~7.0，即可制得仲钨酸铵产品：

$$12(NH_4)_2WO_4 = 5(NH_4)_2O \cdot 12WO_3 \cdot nH_2O + 14NH_3 + (7-n)H_2O \qquad (2-6)$$

需要指出的是，当蒸发结晶温度低于 50℃ 时，可得到 $5(NH_4)_2O \cdot 12WO_3 \cdot 10H_2O$；当蒸发结晶温度高于 50℃ 时，可得到 $5(NH_4)_2O \cdot 12WO_3 \cdot 4H_2O$。刘士军采用 X 射线等方法对 $5(NH_4)_2O \cdot 12WO_3 \cdot 10H_2O$ 的热分解过程进行了研究，结果表明，$5(NH_4)_2O \cdot 12WO_3 \cdot 10H_2O$ 加热时，会分别在 62℃ 和 103℃ 发生两次脱水，于 202℃ 时分解生成无定形铵钨青铜，290℃ 时转化成晶形铵钨青铜，而在 482℃ 时则全部转化生成三氧化钨。

偏钨酸铵极易溶于水，在工业上应用也较常见，其分子式可表示为 $(NH_4)_2O \cdot 4WO_3 \cdot 8H_2O$。偏钨酸铵可通过钨酸（以白钨酸为主）与仲钨酸铵溶液或钨酸铵溶液反应制得，也可以通过加热仲钨酸铵至 225~350℃ 进行部分脱氨制得。此外，通过离子交换、隔膜电解等方式也可制备出偏钨酸铵。

2.1.1.3　钨的卤化物

钨的卤化物主要有氯化物和氯氧化物、氟化物和氟氧化物。它们共有的特点是沸点和熔点低，稳定性差。钨的氯化物中，有六氯化钨（WCl_6）、五氯化钨（WCl_5）、四氯化钨（WCl_4）和氯氧化钨（$WOCl_4$、WO_2Cl_2）等，它们都容易发生水解，同时钨的低价氯化物不稳定易发生歧化反应。

钨的氯化物是面向新材料应用领域的重要原料。WCl_6 是一种深紫色结晶物，遇水蒸气容易生成氯氧化钨，高于 600℃ 则会离解成 WCl_5 和 WCl_4。

WCl_5 是一种深绿色结晶物，遇水蒸气也容易生成氯氧化钨。WCl_4 是一种灰褐色结晶物，同样遇水蒸气会生成氯氧化钨，且高温下会反应生成 WCl_5 和 WCl_2：

$$3WCl_4(g) === WCl_2(g) + 2WCl_5(g) \qquad (2-7)$$

WCl_2 是一种灰色物质，难以挥发，遇到水会猛烈生成氢气，具有强还原性，490~580℃会反应生成 WCl_4 和钨。

$WOCl_4$ 是一种暗红色针头结晶物质，高于沸点（224℃）会发生局部分解：

$$2WOCl_4(g) === WO_2Cl_2(s) + WCl_6(g) \qquad (2-8)$$

WO_2Cl_2 是一种亮黄色结晶物质，高于298℃容易发生分解反应并发生升华：

$$2WO_2Cl_2(s) === WO_3(s) + WOCl_4(g) \qquad (2-9)$$
$$3WO_2Cl_2(s) === 2WO_3(s) + WCl_6(g) \qquad (2-10)$$

WF_6 的熔点和沸点分别为3℃和17℃，遇水蒸气会发生水解并冒出白烟，生成氟氧化物。WF_6 溶于氢氧化钠、氨水及碱金属氟化物溶液，同时溶于氢氟酸。高温时，WF_6 可被氢还原成金属钨。

2.1.1.4 钨的碳化物

钨的碳化物具有熔点高、硬度大、弹性模量好、热导性好和化学性质稳定等特点，是硬质合金生产的主要原料。钨的碳化物主要包括 WC 和 W_2C 两种物质，它们的熔点分别是2900℃和2750℃。其中，WC 的化学稳定性较 W_2C 的化学稳定性好，前者在温度达到400℃时会与 Cl_2 发生反应，后者在200℃时便与 Cl_2 发生反应。室温下，WC 和 W_2C 均不与任何酸发生化学反应。但在加热的条件下，WC 和 W_2C 均会被 HNO_3 或 HNO_3 与 HF 的混合溶液溶解。

钨氧化物碳还原制取碳化钨的基本原理是将钨的氧化物（WO_3）与炭黑混合均匀后制成直径约 3mm 的球粒，然后将球粒放入回转炉中加热至1450℃以上，进行连续还原与碳化反应，从而制得碳化钨：

$$WO_3+3C === W+ 3CO \qquad (2-11)$$
$$W+ C === WC \qquad (2-12)$$

2.1.1.5 钨的硫化物

W-S 二元系中，存在 WS_2 和 WS_3 两种硫化物，WS_3 在170℃时会分解成 WS_2 和元素 S。WS_2 的制取可将 WS_3 进行热分解制取，或者在 900~1200℃ 时将钨粉与 H_2S 作用制得，也可以在有氮气氛中，在 800~900℃ 时将钨粉与 S_2 蒸气作用制得。WS_2 可用作催化剂和高温润滑剂。

2.1.2 钨及其化合物的用途

钨及其化合物具有上述一系列独特的物理化学性能。因此，金属钨具有其他金属难以替代的特殊用途。

表 2-3 列出了美国 Kennametal 公司生产的钨产品应用领域占比。可以说，钨已广泛地应用于国防、航天、石油和化工、电气和电子技术、原子能、地质矿山、机械等领域。

表 2-3　美国 Kennametal 公司钨产品的应用领域　　　　（％）

应用领域	占比	应用领域	占比	应用领域	占比
采矿与建筑业	13	家庭轿车	14	机械制造	26
重型汽车	6	能源工业	14	工具与模具	5
起重机械	14	航空航天	6	其他	10

2.1.2.1　碳化钨硬质合金

碳化钨在 1000℃ 以上的高温下，其硬度、抗压强度、耐磨性和热稳定性都非常好，是制作耐磨性、耐高温、耐腐蚀和硬度高合金工具的理想原材料。碳化钨硬质合金正是以碳化钨为原料，在真空炉中烧结而形成的一种粉末冶金产品。烧结过程中以高硬度难熔金属碳化钨为主要成分，以钴或镍为粘结剂。在采矿工业、切削加工工业、地质应用中，碳化钨硬质合金具有很大的优越性。在现代热用材料中的耐磨材料、耐腐蚀材料、耐高温材料以及现代工具材料中，碳化钨硬质合金也占据着非常重要的地位。

2.1.2.2　钨钢

钨加入钢中能细化钢的晶粒，从而提高其耐磨性、高温硬度和耐冲击性，是炼钢工业上的重要添加剂。通常钨是以钨铁的形式加入到钢铁生产中。而钨铁是由钨精矿与铁屑在电弧炉中经过还原熔炼得到的。在某些情况下，也可以用由钨粉加工形成的钨条代替钨精矿加入。

钨钢是金属钨最早的应用领域之一，有塑料模具钢、冷作钢、热作钢、抗冲击钢、镜面模具钢和高速切削钢等。高速钢能在空气中自动淬火与二次硬化，即使在 600~650℃ 时，仍然能够保持很高的耐磨性和硬度，故含钨的高速钢刀的切削速度每分钟能达到数十米。同时，含钨的钢还可用于制造如铣刀、钻头、阴模阳模、拉丝模和气动工具等各种工具。

2.1.2.3　钨丝

钨熔点高、电阻率大，是制作钨丝的优良原料。在电子管生产、无线电电子、X 射线等生产技术中，钨以钨丝、钨条、钨带及各种锻造元件而受到很大欢迎。在白炽灯中及电子振荡管的栅极中、整流器的阴极和阴极加热器中使用钨丝，可以保证其寿命较其他没有添加钨丝的产品使用寿命长。

2.1.2.4　钨系催化剂

钨系催化剂主要有钨杂多酸、单质钨、硫化物和氧化物。钨系催化剂对聚合反应、加氢反应、酯化反应、氧化反应等具有良好的催化作用，广泛应用于化工、石油、环保等领域。钨系催化剂应用于石油工业，显著地提高了石油产品的质量，从而大大降低了石油中有害于环境的物质含量。

2.1.2.5 钨基合金

高密度合金和钨基触头合金是常见的钨基合金产品。高密度合金主要有 W-Ni-Fe系列和 W-Cu 系列。在飞机导航仪中的平衡配重和陀螺转子元件的生产时经常使用的是高密度合金。同时，高密度合金在体育行业中的高尔夫球球拍的球头的配重元件生产中，通信行业中的手机和 BP 机的振动元件的生产中，医疗行业的屏蔽材料的生产中，以及电气行业中的高压触头和电气加热元件等生产中都有广泛应用。同时，钨基触头合金广泛用于微电子封装材料、热沉材料与电接触材料，同时也用于制作点焊电极、闸刀开关、断路器等部件的触头材料。

2.1.2.6 其他用途

钨的同多酸盐中，钨酸钠常用于生产某些油漆和颜料。在纺织工业中，钨酸钠被应用于电镀、油墨、染料、颜料等；钨酸被用于媒染剂和染料。

钨的杂多酸中，用作催化剂是钨杂多酸最重要的用途。例如，用于加氢反应、聚合反应、氧化反应、酰基化、酯化、烃类芳构化等反应。钨的杂多酸系催化剂具有优良的催化性能而被广泛用于化工、石油、环保等领域。

上述各种钨及其无机物的应用对发展国民经济建设具有重要的意义。此外，钨的有机聚合物的应用也在如火如荼地进行，从而为钨的应用开辟了更为广阔的领域，如塑胶与钨的聚合物具有和铅一样的柔软度，且无毒，可以替代铅用于制造弹药、武器，具有绿色环保的特点。

2.1.3 金属钨的制备工艺

自然界中不存在单质钨，但存在很多种含钨矿物，如钨酸钙、钨酸铁、钨酸锰、钨酸、钨酸铅、水华等。金属钨的制备方法有多种，工业上主要以含钨矿物作为原料，通过冶炼的方法提取钨后经过一系列的除杂、结晶、煅烧、还原等工序后可制得金属钨，其原则工艺流程如图 2-2 所示。

2.1.3.1 含钨矿物的分解

含钨矿物的分解是指在水溶液中，利用酸、碱或其他化学试剂在高温高压或常温常压下，分解试剂与钨矿会发生化学反应，从而破坏钨矿的化学结构，钨矿中的钨便会与其他伴生元素分离而进入溶液或是渣相。含钨矿物经酸（碱）分解后，得到粗钨酸钠溶液。

2.1.3.2 纯钨化合物的制备

为了满足一定纯度的金属钨的需求，需要用到物理性状和化学成分含量均符合一定要求的纯钨化合物，如仲钨酸铵产品和三氧化钨产品。工业生产上，将粗钨酸钠溶液经过一系列净化除杂、转型、蒸发结晶工序后，可制得杂质含量达到国家标准零级品要求的仲钨酸铵产品。接着，将制得的仲钨酸铵于回转炉中适当温度下煅烧一段时间后，可制得一定纯度的氧化钨产品，包括黄钨、蓝钨和紫钨

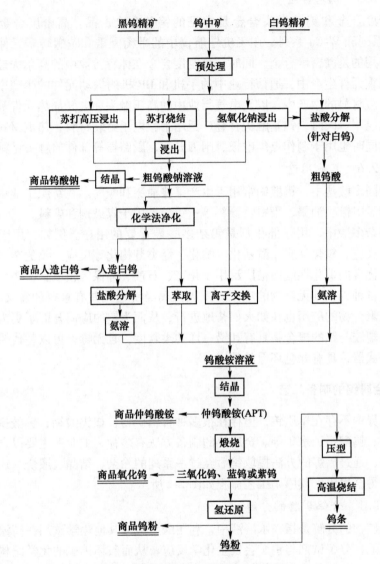

图 2-2　金属钨制取的原则工艺流程

产品。在工业生产上，以制取黄钨（WO₃）产品较多。

2.1.3.3　钨粉的制取

制取钨粉的方法主要有钨氧化物氢还原法、钨酸盐碳还原法、钨卤化物氢还原法、钨酸盐金属热还原法、熔盐电解法等。其中，钨氧化物氢还原法是工业上普遍应用的方法，该方法的主要原料为三氧化钨。同时，以紫钨（WO₂.₇₂）作为原料，采用氢还原法制得的钨粉也非常受钨行业市场的青睐。

2.1.3.4 金属钨的制备

金属钨的制备方法主要有粉末冶金法、熔炼法、化学气相沉积法等。其中，粉末冶金方法是一种常用的方法。该方法由钨粉压制成型和高温烧结两个步骤组成，具有晶粒结构细、工序少和成本低的生产特点。

2.2 钨矿及其资源概述

2.2.1 钨矿种类

自然界中，已被发现的钨矿种类达到 20 多种，包括白钨矿、黑钨矿、钨华、钨铅矿、硫钨矿、铜白钨矿、钼钨钙矿等。然而，仅黑钨矿和白钨矿具有工业应用价值。表 2-4 列出了几种主要钨矿物的某些特性。

表 2-4　几种主要钨矿物的性质

名称	化学组成	密度/kg·cm⁻³	硬度	颜色	WO₃/%
白钨矿	$CaWO_4$	5.9~6.1	4.5-5	白，褐，绿	71~80
黑钨矿	$(Fe,Mn)WO_4$	7~7.5	4.5-5.5	黑，赤褐	69~78
钨华	$WO_3 \cdot H_2O$	5.5	2.5	黄，黄绿	71~86
硫钨矿	WS_2	2.5	2.5	暗灰	
高铁钨华	$Fe_2O_3 \cdot WO_3 \cdot 6H_2O$			黄	43~46
钼钨钙矿	$Ca(Mo,W)O_4$	4.4	3.5	黄	40
铜白钨矿	$CaCuWO_4$		4.5	绿	76~80
钨铅矿	$PbWO_4$	8	3	绿，褐，灰黄	5~10
钼钨铅矿	$Pb(Mo,W)O_4$		2.5	褐，黄	49

2.2.1.1 黑钨矿

黑钨矿有钨铁矿（$FeWO_4$）、钨锰矿（$MnWO_4$）和钨锰铁矿（$(Fe，Mn)WO_4$）。Mn 原子分数小于 20%的为钨铁矿，Mn 原子分数大于 80%的为钨锰矿，而 Mn 原子分数介于 20%~80%之间的为钨锰铁矿。通常，黑钨矿产于高温热液石英脉及云英岩中，共生矿物有石英、锡石、毒砂、黄铁矿、辉钼矿、绿柱石、电气石等，类质同象混入物有 Mg、Ni、Sc、Ca、Y 和 Sn 等。

2.2.1.2 白钨矿

白钨矿也称钨酸钙矿（$CaWO_4$），主要产于矽卡岩矿床、高至中温热液石英脉矿床、斑岩型钨矿床和沉积变质型层状钨矿床。白钨矿中共生矿物主要有石榴石、方解石、萤石、黄铜矿、辉钼矿等，类质同象混入物主要是 Mo。

2.2.1.3 其他钨矿

除上述主要的钨矿物外，钨矿还有钨华类次要矿物，如水钨华（$WO_3 \cdot$

H_2O)、水钨铝华（$Al_2W_2O_9 \cdot 3H_2O$）和铜钨华（$Cu[WO_3](OH)_2$）。工业生产上，也有企业以水钨华为原料进行生产。其他不常见的钨矿物有钨铅矿（$PbWO_4$）、钨锌矿（$ZnWO_4$）、钨铋矿（$PbWO_4$）和硫钨矿（WS_2）等。

2.2.2　钨矿矿床介绍

钨在地壳中是一种分布较广泛的元素，几乎存在于各类矿石中。但是，钨的丰度仅为 2×10^{-6}，需要在特殊的成矿地质作用下富集从而成为矿床。钨矿的矿床类型众多，主要分为石英细脉型、矽卡岩型等 6 种类型。

2.2.2.1　石英细脉型

该矿床是一种由比较密集的含钨石英和夹杂少量含钨石英网脉而组成的带状块体。矿床以充填为主，矿体会成群成组出现，矿田构造和容矿裂隙展布特性与矿脉发育程度密切相关。该矿床仅部分被开采利用，主要产于花岗岩和围岩。同时，该矿床的品位一般比较低，矿床的规模多为大型和中型。

2.2.2.2　矽卡岩型

矽卡岩型矿床主要分布在碳酸盐类岩石和部分碎屑石与花岗岩类岩体的接触带及其附近。该钨矿床主要呈交代，矿体形态主要呈扁豆状、不规则囊状、凸透状。钨矿石中除主要钨元素外，还常伴生有铜、铋、钼、铅、铁、锌等，含钨品位为中等到较贫、局部较富，而矿床规模从小型到巨大型都有。

2.2.2.3　云英岩复合型

该矿床钨矿物多为白钨矿和黑钨矿共存，有价金属以钨为主，多伴生钼、锡、铋等，钨矿物嵌布粒度一般在适宜粒度，而脉石的特点是常伴生有云母、石英、石榴石、透闪石、方解石、磷灰石等矿物。

2.2.2.4　层控型

该矿体受一定的地层岩性和层位控制，产状以缓倾斜较多，矿床规模属大中型。控矿地层有寒武系浅变质泥沙质岩夹碳酸盐岩、元古代碎屑沉积夹火山岩和碳酸盐岩等。目前，该矿床只有达到中等品位且矿石较易选的才被开采利用。

2.2.2.5　高温热液石英脉型

该矿床是我国最早被利用的钨矿石，已有百余年的开采历史，产于围岩与花岗岩类岩体的内外接触带。矿体规模从数十米到上千米不等，含钨品位多数为中等到较富。矿石中有价金属除钨以外，常伴生有锡、铋、钪、钼、铍等。

2.2.2.6　斑岩型

该矿床普遍含有白钨矿，多数也含有黑钨矿。伴生矿物有辉铋矿、方铅矿、辉钼矿、闪锌矿等，有些也伴生有细晶石、锡石、钽铌铁矿等。矿床规模有巨大型、大型和中型。目前，该矿床只有部分被开采利用。

2.2.3 钨矿采矿工艺

钨矿大多数为地下开采，并以开拓方法占主要地位。如果矿体赋存于地平面以下（矿体倾斜角大于45°）时，则常采用竖井开拓法；如果钨矿矿体或者钨矿矿体大部分赋存在地平面以上时，则广泛采用平硐开拓法。

矿床地质条件和开采技术经济条件是影响采矿工艺选择的主要因素。矿床地质条件主要包括矿石和围岩的物理力学性质、矿石品位及价值、矿体产状、矿体赋存深度、矿体内围岩矿化和有效成分的分布。开采技术经济条件主要包括对地表陷落的要求、采矿方法所要求的技术管理水平、加工部门对矿石质量的技术要求、材料和设备的供应条件。

矿床开采技术经济条件和地质条件会影响采矿方法的选择。其中，开采技术经济条件包括加工部门对矿石质量的技术要求、材料设备的供应条件、采矿方法所要求的技术管理水平、对地表陷落的要求。矿床地质条件包括矿体产状、矿石和围岩的物理力学性质、矿体赋存深度、矿石品位及价值、矿体内有用成分的分布及围岩矿化。钨矿的采矿工艺主要有全面法、削壁充填法、阶段矿房法和留矿法4种工艺，以下分别对它们给予介绍。

2.2.3.1 全面法工艺

全面法采矿工艺指在阶段或者在盘区中将矿体进行划分，分成若干矿块，以便在矿块中留不规则的和规则的矿柱进行回采。当然，也有不进行划分矿块的，但在连续回采时需要留下不规则矿柱。然后，在划分的矿块中留下规则与不规则的矿柱。矿柱的形状、规格和间距主要取决于顶板的稳固性和矿石的价值，可随现场条件灵活采用。最后，对矿柱进行回采。当然，也有的采矿工艺不对矿体进行划分，但是在连续回采时需要留下不规则矿柱。

图2-3所示为全面法采矿的典型工艺示意图。

2.2.3.2 削壁充填法工艺

削壁充填法指在回采过程中分别崩落围岩和矿石，同时采下的矿石经溜井放出，而崩落的废石则存留在采空区进行充填和支撑围岩，以作为回采工作台之用。削壁充填法是开采极薄矿脉的一种干式充填法，废石混入率往往控制在20%~25%以下，在个别矿山也会用于削壁充填法开采缓倾斜的矿体。

削壁充填法用于急倾斜的极薄矿体的开采的典型采矿工艺，如图2-4所示。

2.2.3.3 阶段矿房法工艺

阶段矿房法采矿工艺是指将采矿矿区分为矿房和矿柱，矿房采用深孔进行回采，采完后其会形成一个敞空的空场，在回采矿柱的同时一般是会对空场进行处理。按照深孔的布置形式，阶段矿房采矿法分为水平深孔崩矿和垂直深孔崩矿两种阶段矿房采矿法。在我国，阶段矿房采矿法中应用最广泛的是分段凿岩的阶段矿房采矿法，图2-5所示为其采矿工艺示意图。

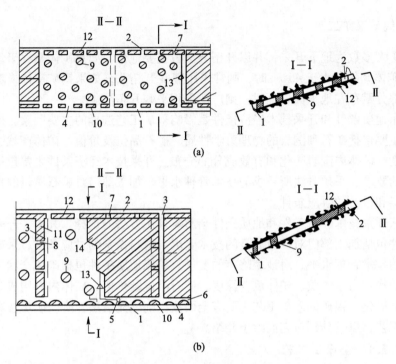

图 2-3　全面法采矿工艺
（a）阶段划分为采区；（b）阶段不划分为采区
1—阶段平巷；2—通风平巷；3—切割天井；4—漏斗；5—电耙绞车；6—切割平巷；
7，8—联络道；9—矿柱；10—底柱；11—间柱；12—顶柱；13—电耙；14—炮眼

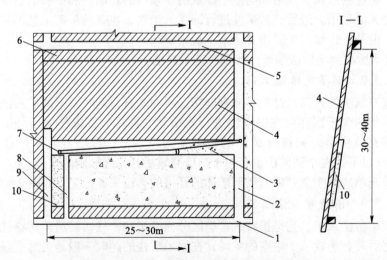

图 2-4　削壁充填法采矿工艺（急倾斜矿体）
1—运输巷道；2—天井；3—垫层；4—矿脉；5—回风巷道；6—顶柱；
7—电耙绞车；8—矿石溜井；9—顺路天井；10—充填体

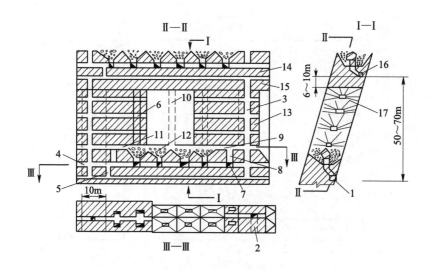

图 2-5 分段凿岩的阶段矿房法采矿工艺

1—阶段平巷；2—横巷；3—通风人行天井；4—电耙巷道；5—矿石溜井；
6—分段凿岩巷道；7—漏斗穿；8—漏斗颈；9—拉底平巷；10—切割天井；
11—拉底空间；12—漏斗；13—间柱；14—底柱；15—顶柱；
16—上阶段平巷；17—上向扇形深孔

2.2.3.4 留矿法工艺

留矿法采矿工艺是指在矿房中进行自下而上的回采时，利用矿石的重力将采下矿石的一部分（35%~40%）从矿房中放出来，其余部分的矿石暂留在矿房中，可作为继续回采作业的工作台，并对围岩起到支撑作用，待矿房的回采作业全部结束后全部放出。按照出矿方法的不同，留矿法采矿工艺分为振动出矿留矿法和自溜放矿留矿法，图 2-6 所示为自溜放矿留矿法采矿工艺的示意图。

2.2.4 钨矿选矿方法

从钨矿矿床中开采出来的钨矿品位（WO_3）只有 0.2%~0.8% 左右，而冶炼钨精矿要求品位在 45% 左右。因此，开采的钨矿需要经过选矿的方法来获得钨精矿。钨矿的选矿以富集黑钨矿和白钨矿为目标。其中，黑钨矿性脆、密度大和易泥化。因此，黑钨矿的选矿方法主要为重选法和浮选法，而白钨矿多数品位低、嵌布粒度细，其选矿方法主要是浮选法。

选矿流程一般是先手选进行预先富集，后破碎、筛分分离脉石，再是磁选-浮选-重选联合，分离黑钨矿、白钨矿、锡矿等精矿。在实际生产中，常常是根据不同矿床的特点，结合不同选矿方法的优势，而采用多种方法联用的方式进行

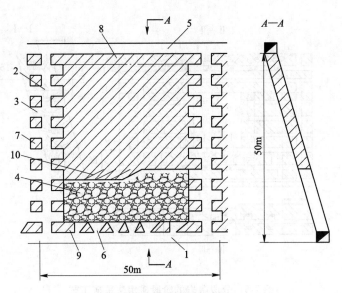

图 2-6　自溜放矿留矿法

1—阶段平巷；2—天井；3—联络道；4—采下的矿石；5—回风平巷；
6—放矿漏斗；7—间柱；8—顶柱；9—底柱；10—炮眼

选矿，如重选-磁选法、重选-浮选法、磁选-浮选法等。

2.2.4.1　黑钨矿的重选方法

黑钨矿重选的关键在于有机结合跳汰、摇床选别与磨矿若干个工序。通过长期的生产实践，我国黑钨选矿厂积累出来的经验是阶段磨矿和选别，早收多收，能收早收、窄级别入选等。

图 2-7 所示为我国石英脉型黑钨矿山的典型重选简易流程。

为了降低矿石入选的粒度和磨矿的能耗，以及减少矿石的泥化和提高选矿的品位，钨矿选矿的第一个工序多为矿石破碎。通常，矿石破碎的最终粒度要求为 8~12mm。矿石经过破碎后进入预选工序。由于脉石颜色有显著差别，同时我国劳动力资源丰富，钨矿预选的主要手段为手选。此外，重介质选矿、光电选矿和动筛跳汰等也是主要的预选方法。

预选后的作业是重选与磨矿工序。其中，重选主要以跳汰选别为主，分为粗粒、中粒和细粒 3 个级别。细粒跳汰的作业回收率约为 35%~45%，而中、粗粒跳汰的作业回收率一般为 65%~75%。磨矿主要用来磨粗粒和中粒的跳汰尾矿，磨矿设备多以棒磨机为主。接下来的作业是精选与综合回收工序，钨矿选矿厂多设有精选工序，该工序也是最复杂的工序，采用的方法可有重选、浮选、磁选、电选和化学选矿等。同时，钨矿中常伴生有锡、钼、铋、铜、锌等有价金属资源。因此，需要对钨矿进行综合回收，以提高矿产资源回收率。

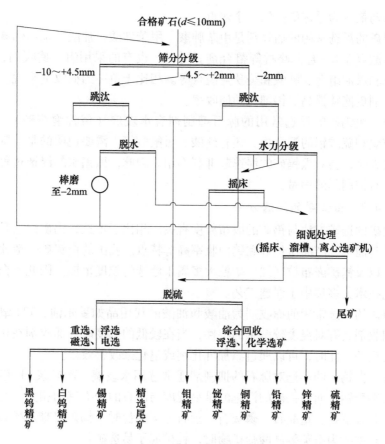

图 2-7 黑钨矿典型选矿流程

最后是细泥处理工序。黑钨矿石性脆和易泥化，经过采选之后会产生大量的细泥，该细泥中的钨含量较高。因此，提高钨细泥的选别指标是提高金属钨回收率的重要步骤。通常，生产上采用联合选矿的方法来处理钨细泥。例如，某钨矿以细泥摇床—绒毯溜槽—横流皮带选矿机精选的联合选矿工艺替代了之前的单一摇床工艺，钨细泥回收率得到了大幅度提高，增加了 22.89%。同时，该联合选矿工艺中，可多回收金属钨量达到 4~10t／a。

此外，还有离心选矿机-浮选联合选矿工艺，该工艺特点是细泥原矿浆不用经过分级入选，大大节省了生产成本。同时，离心选矿机的处理量大，回收粒级的下限低，对细泥原料的适用性较强。

2.2.4.2 黑钨矿的浮选方法

黑钨矿的浮选主要用于黑钨细泥和细粒嵌布的黑钨矿石的处理。相对于重选来说，黑钨矿浮选具有产品质量和回收率高、处理量大和设备配置简单等特点。但是，黑钨矿浮选的选矿成本较高，污染较严重。因此，低用量、低成本、低污染的浮选药剂成为浮选研究的一个热点。

　　黑钨矿的浮选常用的捕收剂是甲苯胂酸、甲苄砷酸、油酸、苯乙烯膦酸、羟肟酸等胂酸以及 8—羟基喹啉等螯合剂。同时，也有的采用组合捕收剂，如 8—羟基喹啉和煤油组合、胂酸和美狄兰组合等。相比于单一的捕收剂来说，这些组合的捕收剂更能够提高黑钨细泥的回收率。

　　另外，黑钨矿的浮选常用的脉石抑制剂有水玻璃（俗称泡花碱）、氟硅酸钠、水玻璃和硫酸铝的混合物，还有硫酸、氢氟酸等。需要说明的是，脉石抑制剂的用量大时，会对黑钨矿的浮选起抑制作用。因此，黑钨矿的浮选过程中要严格控制脉石抑制剂的用量。

2.2.4.3　白钨矿的浮选方法

　　白钨矿的选矿方法与钨矿的嵌布粒度有关。相比于重选，钨矿浮选具有处理量大、设备简单、产品质量好和钨回收率高等特点。我国的白钨矿一般比重大而品位低，以及钨矿嵌布粒度细，矿粒大多属于浮选的粒度范围。因此，白钨矿的选矿工艺技术大多集中于浮选工艺。

　　白钨矿的浮选常用的捕收剂为油酸和油酸的代用品如妥尔油、731 氧化石蜡皂等。捕收剂具有对温度较敏感的特性，当在较低的温度时，捕收剂在矿浆中的分散性会变差。此时，可以通过添加乳化剂或皂化来改善效果。

　　另外，白钨矿的浮选对脉石的抑制剂通常选用水玻璃，而矿浆 pH 值剂有氢氧化钠和碳酸钠。而白钨矿的浮选的难易程度与脉石的种类密切相关。当钨矿的脉石主要为方解石、重晶石、磷灰石、萤石等碳酸盐时，钨矿属难选矿石。而当钨矿的脉石主要为石英等硅酸盐矿物时，钨矿属于易选矿石。

　　对于易选的钨矿，工业生产上会以水玻璃（硅酸钠，$NaO \cdot nSiO$）作为脉石的抑制剂，以碳酸钠作为矿浆的 pH 值调整剂，而以油酸或其代用品作为捕收剂，通过粗选、扫选以及多次精选后，即可获得合格的白钨精矿。

　　工业上，白钨矿的浮选工艺较常用的是 731 氧化石蜡皂常温浮选法和浓浆高温法（彼德诺夫法）。731 氧化石蜡皂常温浮选法具有工艺流程简单、操作简便和成本低的优点。但是，该方法对温度的适应性较差，一般应用于南方产出的钨矿。彼德诺夫法具有浮选指标稳定和原料适应性强的特点。

　　需要说明的是，彼德诺夫法需要对矿浆进行加温，因而该方法的选矿成本较高，一般应用于北方产出的白钨矿。对此，柿竹园白钨矿对彼德诺夫法进行了改进，改用以水玻璃为主的组合抑制剂，取消了脱硫和脱药工序，提高了白钨精矿精选的效果，白钨精矿的钨品位可达到 69.78%。

2.2.4.4　黑白钨混合矿的选矿方法

　　当白钨矿相 WO_3 占有率低于 10%时，钨矿称作黑钨矿；而当黑钨矿相 WO_3 占有率低于 10%时，钨矿称作白钨矿；介于两者之间的称作黑白钨混合矿。黑白钨混合矿通常比黑钨矿或白钨矿粒度更细，因此黑白钨混合矿更加难选。生产上一般采用浮选工艺对黑白钨混合矿进行选矿。

图 2-8 所示为我国柿竹园钨矿的选矿流程。

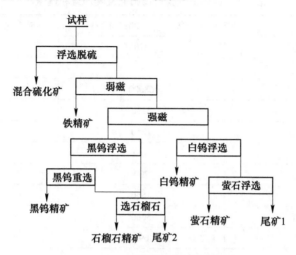

图 2-8 柿竹园钨矿选矿流程

当前用于黑白钨混合矿浮选的捕收剂主要为萘羟肟酸、水杨羟肟酸等各种羟肟酸。这些捕收剂的作用原理是以螯合物形式与钨矿物表面的 Fe^{2+}、Mn^{2+} 发生吸附，从而将黑钨矿与白钨矿分离。

生产实践表明，单一的捕收剂使用效果不佳，两种或两种以上的混合捕收剂效果更好。广州有色金属研究院采用捕收剂 ZL 与 GYB 混合捕收剂，对含 WO_3 品位 0.81% 的黑白钨混合矿进行浮选，发现 ZL 与 GYB 的组合存在正协同作用，大大提高了钨的回收率。

研究发现，采用混浮抑制剂对黑白钨混合矿的浮选起到促进作用。主要表现为以水玻璃和改性水玻璃为主的混合抑制剂的研究受到人们的普遍关注。这是因为与普通水玻璃相比，改性水玻璃具有更强的抑制性能。此外，改性水玻璃还能有效分解矿泥和降低矿泥对钨矿物的覆盖，从而改善浮选效果。

2.2.5 钨矿资源分布及现状

2.2.5.1 钨矿资源分布

世界上有 40 多个国家和地区产有钨矿，其中包括中国、澳大利亚、美国、加拿大、越南、刚果、俄罗斯等。全世界的钨矿资源主要分布在太平洋东西两个半圆弧地带，其钨矿资源储量占到世界钨矿资源储量的 86% 左右。

钨矿储量排列前三的国家分别为中国、加拿大和俄罗斯。其中，中国的储量和产量均居世界之首，主要分布在南岭山脉两侧的赣南、湘南、豫西等地区，具有明显的钨资源优势。

世界上主要产钨国家及其产量和储量见表2-5。

表 2-5 世界上主要产钨国家及其产量和储量

国家	钨矿产量（2013年）/t	钨矿储量（2014年）/t
澳大利亚	320	160000
美国	—	140000
中国	68000	1900000
加拿大	2130	290000
玻利维亚	1250	53000
刚果（金）	830	—
卢旺达	730	—
越南	1660	87000
俄罗斯	3600	250000
葡萄牙	692	4200
奥地利	850	10000
其他	1290	360000
总计	8140	3300000

据美国地质调查局统计，2015年，我国的钨矿储量为 1.9×10^6 t，占世界总储量的 57.57%。同时，在这些基础储量中，白钨矿占比为 2.01×10^7 t，而黑钨矿占比仅为 8.49×10^5 t。即，白钨矿和黑钨矿分别占 70.40% 和 29.00%。

我国有 20 多个省市分布着钨矿资源，主要集中于中南部地区。其中以江西、湖南、河南三省占最多，约占去 66.29%。中国钨资源分布情况如图 2-9 所示。

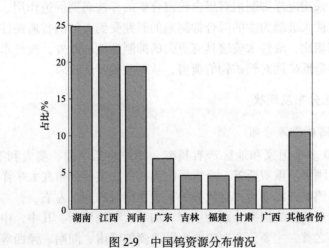

图 2-9 中国钨资源分布情况

2.2.5.2 我国钨矿资源现状

我国钨资源储量中，保有储量在 20 万吨以上的有湖南省、江西省、河南省、广西壮族自治区、福建省、广东省、甘肃省和云南省。

这 8 个省份的钨矿保有储量共计 485.39 万吨，占我国钨矿保有储量的 91.7%。其中江西省拥有钨矿储量为 110.09 万吨、湖南省为 179.89 万吨、河南省为 62.85 万吨、福建省为 30.67 万吨、广东省为 23.02 万吨、广西壮族自治区为 34.92 万吨、甘肃省为 22.29 万吨，云南省为 21.66 万吨。我国主要钨矿的保有储量值见表 2-6。

表 2-6　我国主要钨矿的保有储量值

钨矿名称	储量/万吨
福建行洛坑钨矿	30.43
江西香炉山钨矿	21.43
江西漂塘钨矿	8
湖南新田岭钨矿	50
湖南川口钨矿	32.5
湖南瑶岗仙钨矿	25.96
湖南柿竹园钨矿	74.70
吉林杨金沟钨矿	10.9
河南三道庄钨钼矿	50.24

20 世纪 80 年代，我国钨矿地质勘探工作基本处于停滞状态，进入 21 世纪后开始复苏。"十一五"期间，新区找钨取得突破，相继在北方和南方发现了一批新钨成矿区带。由此，不难看出，我国钨矿资源丰富。

尽管我国是钨资源大国，但是，由于开采强度大，近年来钨资源优势呈现不断减弱的趋势。另外，中国钨矿资源储采比例严重失衡（储量占世界钨矿储量不足 50%，产量却占世界产量 80%），特别是黑钨资源逐渐枯竭，钨矿资源形势不容乐观。

目前，中国新发现的钨矿资源大多为白钨矿。例如，2016 年发现的世界最大钨矿——江西浮梁县朱溪矿，以及 2010 年发现的世界超大型钨矿——江西武宁县大湖塘矿，其 WO_3 储量分别达到 286 万吨和 106 万吨。但是，两者均为低品位复杂白钨矿。因此，我国钨矿资源已逐渐形成以白钨矿占绝对优势的局面。

据统计，我国钨资源储量中，白钨矿约占 70%，混合矿约占 10%，黑钨矿约占 20%。因此，有效地开发和利用白钨矿资源成为近年来的研究热点。

2.3　钨矿分解方法介绍

钨矿中的有效成分是 $CaWO_4$、$FeWO_4$ 和 $MnWO_4$。因此，钨矿冶炼过程的实质是利用酸或碱与钨矿中的 $CaWO_4$、$FeWO_4$ 和 $MnWO_4$ 发生化学反应，从而实现钨矿中的 W 与 Ca、Fe、Mn 的分离。由于白钨矿与黑钨矿的成矿特点不同，所以它们的分解方法也不相同。现分别介绍白钨矿和黑钨矿的分解方法。

2.3.1　白钨矿分解方法

白钨矿的有效成分是 $CaWO_4$，其分解方法主要有氢氧化钠分解法、碳酸钠分解法、磷酸钠分解法、盐酸分解法、磷酸分解法、硫酸分解法、氢氟酸分解法等。以下根据分解试剂的酸碱性不同，将白钨矿的分解方法分为碱法工艺和酸法工艺两类。现对这两类分解工艺作一简要的介绍。

2.3.1.1　碱法分解

A　氢氧化钠分解法

钨 W 生成可溶性 Na_2WO_4 进入溶液，而钙 Ca 生成不溶性物质 $Ca(OH)_2$ 进入渣相。氢氧化钠分解白钨矿的反应原理可以表示为：

$$CaWO_4(s) + 2NaOH\,(aq) \Longrightarrow Ca(OH)_2(s) + Na_2WO_4(aq) \qquad (2\text{-}13)$$

式（2-13）在 25℃ 和 90℃ 时的平衡常数 K 分别为 $2.5×10^{-4}$ 和 $0.7×10^{-4}$。结果表明，在热力学上，式（2-13）难以进行。然而，对其浓度平衡常数 K_c 的研究结果表明，其 K_c 值随着反应温度的升高和 NaOH 浓度的增加而增大。因此，当控制较高的反应温度和氢氧化钠浓度时，可以将钨从白钨矿中分解出来。由此，开发出了氢氧化钠压煮工艺，也称为碱压煮工艺。该工艺采用高浓度碱（大于 400g/L）和高反应温度（大于 180℃），将白钨矿在压煮反应釜里用氢氧化钠进行分解，钨的浸出率可达 98% 以上。

碱压煮工艺具有钨分解率高、原料适应性强、工艺稳定的特点。近十多年来，碱压煮工艺成为我国钨冶炼企业普遍采用的方法，其生产应用率达到 90% 以上。该工艺对冶炼白钨矿而言，其主要的工艺参数是分解温度为 180~220℃，氢氧化钠浓度为 400~500g/L，液固比为（1.0~1.2）∶1（碱液体积（mL）∶白钨矿质量（g）），压煮时间为 4~6h。在该工艺参数条件下，白钨矿的钨分解率可稳定在 98.6% 以上。但是，也不难看出，该工艺存在碱用量大、分解温度高、高压操作不安全，以及卸料和稀释过程中易形成二次白钨等问题。

文献报道了氢氧化钠烧结-水浸出法分解白钨矿。但是，该工艺在烧结过程中需要添加 SiO_2 物质，目的是将反应产物 $Ca(OH)_2$ 生成更稳定的 $CaSiO_3$，从而提高钨的回收率：

$$Ca(OH)_2(s) + 2SiO_2(s) \Longrightarrow CaSiO_3(s) + H_2O\,(aq) \qquad (2\text{-}14)$$

同时，文献报道了机械球磨法和反应挤出法分解白钨矿。其中，机械球磨法是指在白钨矿球磨的过程中添加氢氧化钠，使白钨矿边球磨边分解。该工艺的参数为浸出温度为 150~170℃，氢氧化钠用量为 2.5 倍理论量，液固比为（0.55~0.60）:1，反应时间为 1h。反应挤出法是指在双螺杆挤出设备中于 120℃ 和常压下，使用高浓度氢氧化钠溶液对白钨矿进行分解。但是，机械球磨法存在设备复杂、操作安全性低、产能相对小、难以标准化和大型化等缺点。而反应挤出法工艺目前尚未在工业上应用。

B　碳酸钠分解法

碳酸钠分解法又分为苏打烧结法和苏打压煮法。其中，苏打烧结法的反应原理可表示为：

$$CaWO_4 + Na_2CO_3 \rightleftharpoons 2Na_2WO_4 + CaO + CO_2 \qquad (2-15)$$

白钨矿经苏打烧结后，用水浸方式将烧成物中的 Na_2WO_4 溶出。操作过程中，为避免水浸过程中的 CaO 与 Na_2WO_4 发生二次反应造成钨损，在烧结过程中需要按摩尔比 $[CaO]/[SiO_2]$ 为 1.5~2.0 的比例配入石英（SiO_2），从而使 CaO 生成更稳定的硅酸钙盐物质，并保证一定的钨回收率。另外，烧结过程中要严格控制烧结的温度为 850~900℃，否则燃烧不充分或者会结瘤。不难看出，苏打烧结法操作上极其不方便。此外，炉料中 WO_3 含量不宜过高，一般要求 WO_3 控制在 18%~22%（配入水浸出渣），使得生产力难以提高。

苏打压煮法是国外最早使用的白钨矿分解方法，其反应原理可表示为：

$$CaWO_4(s) + Na_2CO_3(aq) \rightleftharpoons CaCO_3(s) + Na_2WO_4(aq) \qquad (2-16)$$

苏打压煮法分解白钨矿时，在较低的 Na_2CO_3 浓度下，钨浸出率随 Na_2CO_3 浓度的增加而增大。但是，Na_2CO_3 浓度不宜过高。研究结果表明，当 Na_2CO_3 浓度大于 1.85mol/L 时，浸出体系中会生成不溶性化合物 $Na_2CO_3 \cdot CaCO_3$ 和 $Na_2CO_3 \cdot 2CaCO_3$，并覆盖在白钨矿颗粒表面，从而阻碍了分解反应进一步进行。虽然，苏打压煮法适用于白钨矿、黑钨矿和低品位钨矿，具有原料适应性好的特点。但是，该方法也存在一些缺点，如分解温度高（大于 200℃）而相应能耗大，以及液固比大（3~4）而相应设备的占地面积大等问题。

张贵清等人开发了碳酸钠压煮-碱性萃取工艺。该工艺以碳酸根型季铵盐为萃取剂：

$$(R_4N)_2CO_3(o) + Na_2WO_4(a) \rightleftharpoons (R_4N)_2WO_4(o) + Na_2CO_3(a) \qquad (2-17)$$

碳酸氢铵为反萃剂：

$$(R_4N)_2WO_4(o) + NH_4HCO_3(a) \rightleftharpoons 2R_4NHCO_3(o) + (NH_4)_2WO_4(a)$$

$$(2-18)$$

o—有机相 orgaic；a—水相 aqueous

成功地从白钨矿苏打压煮的分解液中高效地提取了钨。

与现有碱压煮-离子交换工艺相比，碳酸钠压煮-碱性萃取工艺生产仲钨酸铵具有流程短、浸出-萃取闭合流程、水和碱循环利用、无酸消耗和废水近零排放的优点。此外，工业试验表明，该工艺过程运行稳定，易控制，有效解决了季铵盐碱性介质直接萃取钨的难题。但是，该工艺还存在一些问题需要完善。比如，解决萃取剂 N235 或 N263 均存在的饱和容量低、反萃液中的钨酸铵浓度低，而导致后续蒸发结晶过程中的能耗高以及萃取剂循环利用等问题。

C　磷酸钠分解法

由于氢氧化钠分解白钨矿过程中，生成物 $Ca(OH)_2$ 在卸料时易发生二次反应生成 $CaWO_4$ 造成钨损失，有学者提出使用磷酸钠分解白钨矿，使钙生成溶度积更小的 $Ca_3(PO_4)_2$ 从而避免钨损。但是，该方法存在钨酸钠溶液中磷含量高的问题，在工业上应用较少：

$$3CaWO_4(s) + 2Na_3PO_4(aq) \Longrightarrow Ca_3(PO_4)_2(s) + 3Na_2WO_4(aq) \qquad (2\text{-}19)$$

D　氟化钠分解法

针对式（2-13）的反应平衡常数小的问题，有学者提出氟化钠分解白钨矿，其反应原理可表示为：

$$CaWO_4(s) + 2NaF(aq) \Longrightarrow CaF_2(s) + 2Na_2WO_4(aq) \qquad (2\text{-}20)$$

式（2-20）在 25℃时平衡常数是 24.5。该方法具有试剂用量少、钨分解率高、分解液杂质含量少等特点。但是，该方法分解过程中产生的含氟废水需要严格治理。

E　磷酸铵分解法

从含钨矿物中直接制取 $(NH_4)_2WO_4$ 溶液一直备受钨冶金学者的关注。这样可以省去仲钨酸铵制备过程中的钨酸钠的转型工序，从而缩短了生产流程。万林生等人采用磷酸铵和氟化盐分解白钨矿，直接得到了钨酸铵溶液，其分解条件是磷酸铵用量不小于 1.8 倍理论量，氟化盐用量不小于 2.0 倍理论量，分解温度 180~210℃，液固比（2~3）:1，分解时间 3~5h。该方法实现了从白钨矿中直接得到钨酸铵溶液的目标，但是存在原料适应性差及废水含氟等问题：

$$5CaWO_4 + 3(NH_4)_3PO_4 + NH_4F \Longrightarrow Ca_5(PO_4)_3F + 5(NH_4)_2WO_4 \qquad (2\text{-}21)$$

F　氟化铵分解法

用氟化铵分解白钨矿也可以直接得到钨酸铵溶液而大大简化仲钨酸铵制取的流程。氟化铵分解白钨矿的反应原理可表示为：

$$CaWO_4(s) + NH_4F(aq) \Longrightarrow CaF_2(s) + (NH_4)_2WO_4(aq) \qquad (2\text{-}22)$$

其在 25℃时反应平衡常数是 43.3，实际反应时需要一定量的氨水存在。用该方法分解白钨矿，杂质 P、As、Si 等很少被分解。因而分解得到的钨酸铵溶液可以直接用于蒸发结晶制取仲钨酸铵产品。但是，该方法分解白钨矿的效果不理想，钨分解率通常在 94% 以下，目前尚未能达到工业生产的要求。

G 碳酸铵分解法

根据钨酸三钙（Ca_3WO_6）与钨酸钙（$CaWO_4$）的性质不同，前者在碳酸铵溶液中极易被浸出而后者几乎不被浸出，李小斌等人将钙盐（CaO、$CaCO_3$ 或 $Ca(OH)_2$）与白钨矿混合后，在 800~1000℃ 焙烧后，得到 Ca_3WO_6 焙烧产物：

$$CaWO_4(s) + 2CaCO_3(aq) \Longrightarrow Ca_3WO_6(s) + CO_2(g) \tag{2-23}$$

该焙烧产物在碳酸铵溶液中分解后，也可以直接得到钨酸铵溶液：

$$Ca_3WO_6(s) + NH_4HCO_3(aq) + 2H_2O \Longrightarrow$$
$$CaCO_3(s) + 2Ca(OH)_2 + (NH_4)_2WO_4(aq) \tag{2-24}$$

该方法具有原料适应性好、生产流程短等特点。但是，该方法还存在一些问题需要进一步完善。比如，需要克服在用碳酸铵溶液分解 Ca_3WO_6 的过程中，溶液中的 Ca^{2+} 与 WO_4^{2-} 易发生二次反应，而导致钨分解率下降的问题。

H 焙烧转型-碱分解法

据统计，自然界发现的钨矿物有 20 多种。但是，最具有工业应用价值的是白钨矿和黑钨矿。白钨矿和黑钨矿两者都属于钨酸盐矿物。然而，工业生产实践证明，白钨矿不易被碱分解而黑钨矿易被碱分解。究其原因可能是与两种矿物的晶体结构的差异有关。刘英俊在《钨的地球化学》中指出，白钨矿晶体结构是四方晶系，而黑钨矿晶体结构是单斜晶系，不同钨酸盐矿物晶体结构如图 2-10 所示。

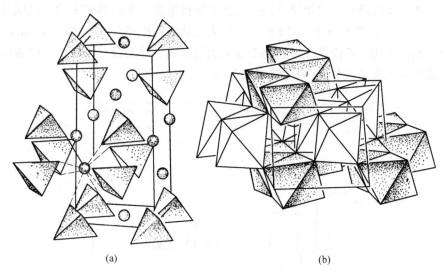

(a)   (b)

图 2-10 不同钨酸盐矿物晶体结构
(a) 白钨矿型；(b) 黑钨矿型

二价金属钨酸盐的晶体结构与其阳离子大小有关，大阳离子的钨酸盐矿物属四方晶系，为白钨矿型结构，而小阳离子的钨酸盐矿物属单斜晶系，并且大多数为黑钨矿型结构。

二价金属离子钨酸盐矿物的结构类型见表2-7。

表 2-7　二价金属离子钨酸盐矿物的结构类型

结构类型	白钨矿型				黑钨矿型						
阳离子	Ca²⁺	Ba²⁺	Sr²⁺	Ra²⁺	Fe²⁺	Mn²⁺	Mg²⁺	Zn²⁺	Cd²⁺	Co²⁺	Ni²⁺
晶系	四方				单斜						
半径/nm	0.104	0.138	0.12	0.144	0.080	0.091	0.074	0.083	0.099	0.078	0.074

由表2-7可以看出，大阳离子钨酸盐矿物 $CaWO_4$、$BaWO_4$、$SrWO_4$ 和 $RaWO_4$ 属于白钨矿型、四方晶系，而小阳离子钨酸盐矿物 $FeWO_4$、$MnWO_4$、$MgWO_4$、$ZnWO_4$、$CdWO_4$、$CoWO_4$ 和 $NiWO_4$ 属于黑钨矿型、单斜晶系。因此，$MgWO_4$ 与 $FeWO_4$ 和 $MnWO_4$ 一样，都属于黑钨矿物型结构，晶体结构都是单斜晶系。

生产实践证明，白钨矿型结构的 $CaWO_4$（四方晶系）的碱浸性能差，而黑钨矿型结构的 $FeWO_4$ 和 $MnWO_4$（单斜晶系）的碱浸性能好。从表2-7不难看出，$MgWO_4$ 也属于黑钨矿型结构，应具有与 $FeWO_4$ 和 $MnWO_4$ 相类似的良好碱浸性能。如果能将 $CaWO_4$ 转型成 $MgWO_4$，则有可能大大改善白钨矿的碱浸性能。

对此，文献研究了采用镁盐混合白钨矿进行焙烧，将白钨矿中的有效成分转型成 $MgWO_4$。图2-11和图2-12所示分别为人造白钨矿和天然白钨矿的焙烧转型效果。结果表明，不论是人造白钨矿还是天然白钨矿，在合适条件下，两者均能实现钨矿中的有效成分 $CaWO_4$ 转型成 $MgWO_4$。

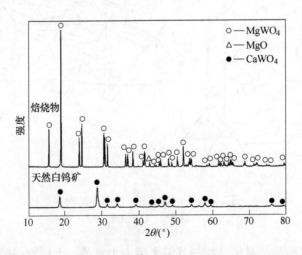

图 2-11　人造白钨矿与镁盐混合物焙烧所得产物的 XRD 图谱

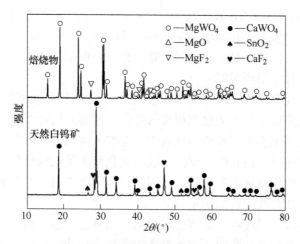

图 2-12   天然白钨矿与镁盐混合物焙烧所得产物的 XRD 图谱

同时，白钨矿混合镁盐焙烧的转型物的氢氧化钠浸出结果表明，在浸出温度为 120℃，氢氧化钠用量为 1.2 倍理论量，浸出反应液固比为 2∶1，浸出反应时间为 4h 的条件下，焙烧转型物中钨的浸出率高达 99.3%，并且钨渣中形成的主要是 $Mg(OH)_2$，白钨矿焙烧转型物的碱浸出渣如图 2-13 所示。

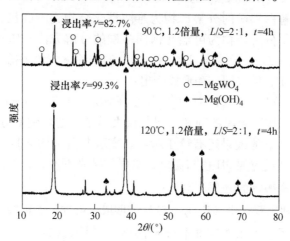

图 2-13   白钨矿焙烧转型物的碱浸出渣

2.3.1.2   酸法分解

A   生成钨酸沉淀的分解方法

生成钨酸沉淀的分解方法是指采用盐酸或硝酸或者硫酸分解白钨矿，将 $CaWO_4$ 中的钨以钨酸沉淀形式产出。其反应原理可表示为：

$$CaWO_4(s) + 2HCl\,(aq) == CaCl_2(aq) + H_2WO_4(s) \tag{2-25}$$

$$CaWO_4(s) + 2HNO_3(aq) = Ca(NO_3)_2(aq) + H_2WO_4(s) \quad (2\text{-}26)$$

$$CaWO_4(s) + H_2SO_4(aq) = CaSO_4(s) + H_2WO_4(s) \quad (2\text{-}27)$$

其中，盐酸分解白钨矿曾是工业上用于处理标准白钨矿的主流工艺，如瑞典可乐满厂和南非斯皮林克斯公司等。

式（2-25）在 20℃ 和 100℃ 的平衡常数 K 值分别为 1.0×10^4 和 1.5×10^4，表明热力学上盐酸分解白钨矿的过程很容易进行。然而郑昌琼等人对盐酸分解白钨矿的动力学研究结果表明，在实际反应中，盐酸分解白钨矿效果并不理想。这是因为在白钨矿的酸分解过程中，反应生成的黄色钨酸呈胶状会包裹在未反应白钨矿颗粒的表面而阻碍分解反应的进行。因此，为提高白钨矿的分解速率，需要升高分解温度和增加盐酸浓度与用量。

上述一系列改进措施在一定程度上改善了钨分解效果，但它们造成了盐酸挥发严重的环境污染问题。为此，李伟勤在较低浓度和盐酸用量的条件下，用盐酸分解白钨矿，但是分解效果并不理想，且仅能在一定程度上减少盐酸挥发。显然，盐酸分解法具有分解驱动力大、反应温度低等优势，但钨酸阻滞膜的不利影响和盐酸对设备的腐蚀危害等，使得盐酸分解法失去了竞争力而于 2006 年后逐渐在我国退出使用。

B　生成钨同多酸的分解方法

针对盐酸分解白钨矿的分解产物为难溶性化合物钨酸会包裹钨矿表面的问题，有学者开发了分解产物为可溶性钨同多酸的分解方法。Martins 等人在溶液体系 pH 值为 1.5~2.2，反应温度为 70~80℃ 的条件下，使用稀酸（稀盐酸或稀硝酸）分解白钨矿，钨以同多酸形式产出：

$$aCaWO_4 + bH^+ \longrightarrow H_cW_aO_{4a-0.5(b-c)}^{(2a-b)-} + aCa^{2+} + 0.5(b-c)H_2O \quad (2\text{-}28)$$

该方法消除了钨酸包裹的问题，但其仅报道了人造白钨矿分解的实验结果，对于天然白钨矿分解的效果还有待于考察。实验装置如图 2-14 所示，该工艺操作时需要严格控制反应的 pH 值与温度，给操作带来不便。

C　生成过氧钨酸的分解方法

王小波等人利用双氧水（H_2O_2）易与钨形成可溶性过氧钨酸（$H_4[WO_3(O_2)_2]$）的特性，提出采用双氧水协同盐酸分解白钨矿（见式（2-29））。研究结果表明，盐酸浓度、反应温度、液固比、双氧水浓度及反应时间等因素对白钨矿分解效果有影响。在盐酸浓度为 1.5mol/L，反应温度为 30℃，液固比为 10∶1（mL/g），双氧水浓度为 2.4mol/L 和反应时间为 40min 的条件下，人造白钨矿实现了完全分解，但天然白钨矿的钨分解率仅为 50%。因此，生成过氧钨酸的分解方法还需要进一步完善：

$$CaWO_4(s) + 2HCl + 2H_2O_2(aq) = CaCl_2(aq) + H_4[WO_3(O_2)_2](aq) + H_2O$$

$$(2\text{-}29)$$

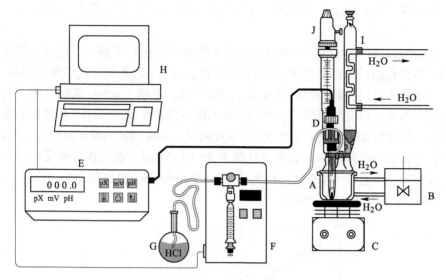

图 2-14　实验装置

A—反应容器；B—水浴锅；C—磁力搅拌器；D—双电极；E—pH 计；F—微量滴定管；

G—HCl 溶液；H—计算机；I—冷凝管；J—温度计

对此，张文娟等人研究了双氧水协同硫酸分解人造白钨矿，陈星宇等人研究了双氧水协同硫酸分解天然白钨矿，结果表明，在合适条件下，硫酸-双氧水可以分解白钨矿，且钨分解率可达 93% 以上。同时，利用生成的过氧钨酸热性质不稳定的特性，将分解液进行加热后获得钨酸，再经氨溶得到钨酸铵溶液，进一步进行蒸经结晶，便可得到仲钨酸铵产品。

D　生成钨杂多酸的分解方法

以往的研究结果表明，在酸性溶液中，钨会与元素磷、砷、硅、钼、锑等形成可溶性极好的杂多酸。杂多酸的相对分子量大，密度高。利用这一特性，许多学者对酸分解白钨矿过程中，掺入 P 元素使得钨分解生成钨杂多酸，进行了深入和系统的研究，并取得了一系列的成果。

Gürmen 等人对盐酸-磷酸分解白钨矿并制取 WO_3 产品进行了研究，其主要工艺流程是白钨矿先经 HCl-H_3PO_4 分解（见式（2-30）），得到磷钨杂多酸溶液后，加入氨水或氯化铵进行沉淀（见式（2-31）），再经煅烧制得三氧化钨。在盐酸浓度 2mol/L，液固比 10∶1（mL/g），反应温度 80℃，W/PO_4^{3-} 质量比 7∶1，搅拌转速 900r/min 的分解条件下，钨分解率可达 98% 以上。同时在反应温度 25℃，NH_4^+/WO_3 质量比不小于 1/4 的条件下，钨沉淀率可达 99% 以上。

$$12CaWO_4(s) + 24HCl(aq) + H_3PO_4(aq) \longrightarrow$$

$$H_3[PW_{12}O_{40}](aq) + 12CaCl_2(aq) + 12H_2O \tag{2-30}$$

$$H_3[PW_{12}O_{40}](aq) + NH_4OH(aq) \longrightarrow (NH_4)x \cdot P_y O_z \cdot WO_3 \cdot H_2O(s)$$

$$(2-31)$$

Kahruman 等人对盐酸-磷酸分解白钨矿的动力学进行了研究，通过计算该反应的表观活化能后，得出盐酸-磷酸分解白钨矿的反应过程属于化学反应控制。

黄金等人以白钨矿为原料（WO_3 为 49.4%），考察了盐酸-磷酸分解白钨矿的动力学规律。研究结果表明：钨的分解率随白钨矿粒度的减小、盐酸初始浓度的增大、反应温度的升高、W/PO_4^{3-} 质量比的减小和液固比的减小而增加。同时，通过计算得出该分解反应的表观活化能为 59.91kJ/mol，表明该分解反应过程受化学反应控制，盐酸-磷酸浸出白钨矿反应的 Arrhenius 图如图 2-15 所示，这与 Kahruman 等人的研究结论相符。

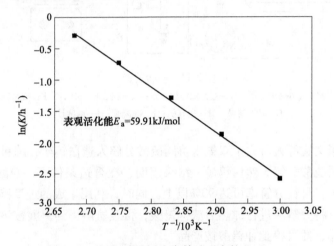

图 2-15 盐酸-磷酸浸出白钨矿反应的 Arrhenius

刘亮等人对盐酸-磷酸分解白钨矿并制取仲钨酸铵（APT）产品进行了系统研究。其主要工艺流程是：先用 $HCl-H_3PO_4$ 混合溶液分解白钨矿后，得到磷钨杂多酸溶液。然后，往分解液中加入 NH_4Cl 溶液进行沉淀，所得沉淀物再用 $NH_3 \cdot H_2O$ 进行溶解，得到 $(NH_4)WO_4$ 溶液，最后经双氧水除 Fe、氯化镁除 P 和硫化物除 Mo 后，浓缩结晶获得仲钨酸铵产品 APT。

此外，如图 2-16 所示，红外分析结果表明，人造白钨矿的分解液在 600～1100cm^{-1} 范围内有 4 条谱带，分别对应 $H_3[PW_{12}O_{40}] \cdot (6～7)H_2O$ 的红外光谱峰 1080cm^{-1}（P—O）、990cm^{-1}（W≡O）、890cm^{-1}（W—O—W）和 810cm^{-1}（W—O—W）。结果说明，盐酸-磷酸络合分解人造白钨矿的分解液主要成分是 $[PW_{12}O_{40}]^{3-}$。盐酸-磷酸分解白钨矿的工艺为白钨矿制取仲钨酸铵提供了新的思路。但是，该方法存在后续磷钨杂多酸采用氯化铵沉淀时，钨沉淀率不理想、金属钨回收率低、除杂需要来回调酸碱等问题。

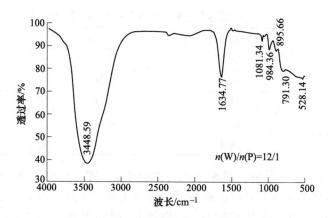

图 2-16　盐酸-磷酸浸出液红外光谱分析结果

　　赵中伟等人用硫酸与磷酸混合酸分解白钨矿。该方法避免了盐酸挥发的问题，同时具有原料适应性好的特点。

　　硫酸-磷酸混合酸分解白钨矿原则流程，如图 2-17 所示。

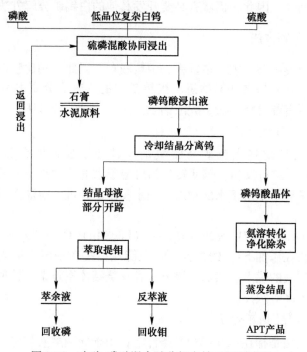

图 2-17　硫酸-磷酸混合酸分解白钨矿原则流程

　　不论白钨矿的品位高低，硫酸-磷酸混合酸分解白钨矿所得的分解渣中 WO_3 基本维持在 0.2%，硫酸-磷酸混合酸工艺中不同白钨矿分解结果见表 2-8。

表 2-8　硫酸-磷酸混合酸工艺中不同白钨矿分解结果　　　　（%）

白钨矿产地	WO_3 品位	渣含 WO_3	钨浸出率
湖南柿竹园	51.4	0.14	99.81
云南麻栗坡	51.2	0.21	99.75
江西香炉山	67.5	0.32	99.67
河南栾川	32.1	0.08	99.78
河南栾川	18.8	0.17	99.00

　　硫酸-磷酸混合酸分解白钨矿工艺可对伴生元素钼和磷进行回收。同时，分解渣硫酸钙可作为水泥等建材原料使用，资源化利用率高。目前，该工艺已在厦门钨业及其他钨冶炼企业推广使用，并取得了一定的效益。但该方法还需要进一步完善，比如需要克服在分解过程中，因 $CaSO_4$ 溶解度小且溶解性能复杂而对分解过程产生的不利影响。

　　总的来说，盐酸（硫酸）-磷酸络合分解工艺为白钨矿制取仲钨酸铵产品提供了新的途径。但是，该方法中，白钨矿分解液（磷钨杂多酸）存在转型和净化过程复杂的问题。因此，仍然有必要开发其他的白钨矿分解方法。

2.3.2　黑钨矿分解方法

　　黑钨矿以石英脉型为主，多呈粗、中粒嵌布。因此，相比较白钨矿而言，黑钨矿品位较高，易采易选和易冶炼。黑钨矿中的有效成分是 $FeWO_4$ 和 $MnWO_4$，其分解方法主要有苏打烧结法、碳酸钠压煮法、苛性钠分解法。

2.3.2.1　苏打烧结法

　　苏打烧结法是指将黑钨矿与碳酸钠及其他添加剂混合后，在高温条件下（800~900℃）进行反应，钨便转化为可溶于水的钨酸钠，而其他伴生元素如铁、锰、钙、镁等呈不溶于水的物质，用水浸出后钨进入溶液而与其他伴生元素分离：

$$(Fe,Mn)WO_4 + Na_2CO_3 \Longrightarrow (Fe, Mn)CO_3 + Na_2WO_4 \qquad (2\text{-}32)$$

　　苏打烧结法在添加 SiO_2 的条件下，也能从白钨矿中浸出提取钨，具有原料适应性广、流程短的优点。然而，该方法存在烧结体系复杂、钨回收率低、能耗高、杂质浸出率高等缺点。

2.3.2.2　碳酸钠压煮法

　　碳酸钠压煮法是指在 180~230℃ 条件下，用碳酸钠溶液与黑钨矿在高压釜中发生反应，钨以钨酸钠形式进入溶液，而 Mn 和 Fe 等以碳酸盐形式进入渣相，然后经过过滤，将杂质与钨分离，得到钨酸钠溶液：

$$(Fe,Mn)WO_4(s) + Na_2CO_3(aq) \Longrightarrow (Fe,Mn)CO_3(s) + Na_2WO_4(aq)$$

$$(2\text{-}33)$$

碳酸钠压煮法是国外普遍使用的方法，具有原料适应性强、钨回收率高、杂质浸出率低的优点，缺点是浸出温度较高、液固比较大、能耗高。

2.3.2.3 苛性钠分解法

苛性钠分解法是指在一定温度下，将黑钨矿与氢氧化钠溶液反应，使钨转变为可溶性的钨酸钠，锰和铁等转变为难溶性的氢氧化物进入渣相，从而与钨分离：

$$(Fe, Mn)WO_4(s) + 2NaOH\,(aq) =\!=\!=\!= (Fe, Mn)(OH)_2(s) + Na_2WO_4(aq)$$

$$(2-34)$$

苛性钠分解法是当前我国钨工业应用最广泛的工艺，其主要条件参数为：压煮温度为 160~180℃，苛性钠用量为理论量的 1.8 倍，碱液和黑钨矿液固比为 1:1，压煮时间为 2~3h。在该条件下，钨浸出率可稳定在 98% 以上。另外，苛性钠分解法具有原料适用性广、能耗低等优点。但是，其缺点是杂质浸出率高、钨回收率受黑钨矿中钙含量的影响较大。

2.4 钨矿制备仲钨酸铵生产工艺介绍

仲钨酸铵作为含钨产品中的一种常规产品，在钨工业中占有重要作用。仲钨酸铵的生产原料有钨矿及钨二次资源，如废弃硬质合金以及其他含钨产品。

生产上通常以钨矿，即黑钨矿和白钨矿为原料进行生产仲钨酸铵。其主要生产流程是先采用化学试剂（酸或碱），与钨精矿中的有效成分 Ca/Fe/MnWO_4 进行反应，从而将钨矿中的目的元素钨浸出至溶液。然后，所得含钨浸出液需要经净化和除杂，有些还包括转型，得到净化的钨酸铵溶液。最后，钨酸铵溶液进行蒸发结晶，最终制得仲钨酸铵产品。

钨矿浸出液往往含有较多的杂质成分，根据含钨浸出液的净化除杂方式不同，工业上钨精矿经酸或碱分解后，主要采用化学沉淀法工艺、溶剂萃取法工艺和离子交换法工艺对钨矿分解液进行除杂净化。

2.4.1 化学沉淀法工艺

化学沉淀法工艺是指将钨矿的分解液加入钙盐，通常为氯化钙，形成钨酸钙沉淀，即人造白钨矿。所得人造白钨矿采用酸分解，得到钨酸沉淀。所得钨酸沉淀再采用氨溶，即可得到钨酸铵溶液。最后，钨酸铵溶液经蒸发结晶可得仲钨酸铵产品。图 2-18 所示为化学沉淀法工艺的原则生产流程。

如图 2-18 所示，首先，将钨精矿采用氢氧化钠进行分解，得到粗钨酸钠溶液。然后，将粗钨酸钠溶液采用盐酸中和，并加入适量镁盐，除去磷、硅、砷、锡等杂质，得到钨酸钠净化液。其次，往钨酸钠净化液中加入钙盐进行沉淀，制得人造白钨矿，见式（2-35），向所得人造白钨矿中加入盐酸进行酸分解，得到

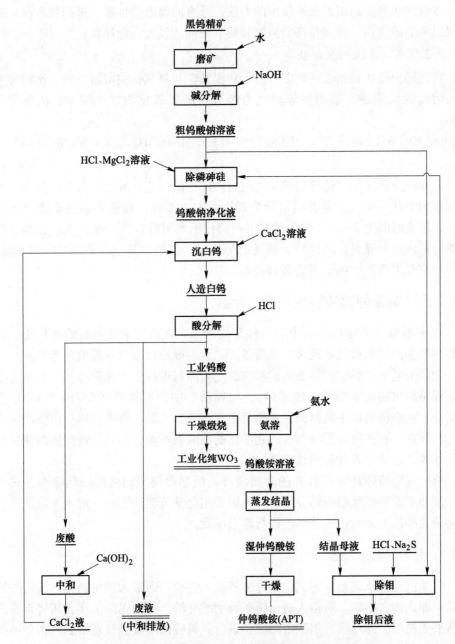

图 2-18　化学沉淀法工艺生产仲钨酸铵原则流程

中间产物钨酸,见式(2-36)。接着,将钨酸采用氨溶,得到钨酸铵溶液,见式(2-37)。最后,钨酸铵溶液经过蒸发结晶,制得仲钨酸铵产品,或者也可以将中间产物钨酸直接进行煅烧,制得氧化钨产品。

$$Na_2WO_4 + CaCl_2 \Longrightarrow CaWO_4 + 2NaCl \qquad (2\text{-}35)$$

$$CaWO_4 + 2HCl \Longrightarrow H_2WO_4 + CaCl_2 \qquad (2\text{-}36)$$

$$H_2WO_4 + 2NH_4OH \Longrightarrow (NH_4)_2WO_4 + 2H_2O \qquad (2\text{-}37)$$

化学沉淀法工艺主要用来处理黑钨矿，部分复杂钨矿以及二次钨资源的回收，在我国及国外曾一度是工业上的主流工艺。然而，钨矿制备仲钨酸铵的化学沉淀法工艺存在生产环境较差、辅助原料消耗高、生产流程较长和金属回收率较低的缺点。因此，该生产工艺于 1990 年基本退出我国钨冶炼生产领域。

值得指出的是，化学沉淀法工艺的原理和方法仍然可用于处理部分复杂钨矿、二次钨资源利用以及废旧金属回收。

2.4.2 溶剂萃取法工艺

溶剂萃取技术又称液液萃取或抽提，是一种高效分离和提取的技术，原理是利用系统中组分在溶剂中的溶解度不同，从而分离混合物质，即，使溶质物质从一种溶剂内转移到另一种溶剂内。溶剂萃取技术具有分离效果好、能耗低、选择性高和适应性强等特点，并于 20 世纪得到了迅速发展，广泛应用于冶金、化学、石油、食品、农业、医疗、环境等领域。

溶剂萃取技术最早于 1842 年研究人员采用乙醚成功从硝酸溶液中萃取出硝酸铀酰，随后 1903 年有学者用液态 SO_2 从煤油中萃取得到芳烃，这也是萃取技术的第一次工业应用。20 世纪 40 年代后期，由于核燃料生产的需要，极大促进了萃取技术的研究开发。我国从 20 世纪 70 年代开始研究溶剂萃取技术，分别在萃取分离和提取钨的机理与工艺方面开展了大量研究，并取得了可喜成绩。

溶剂萃取技术应用于钨矿冶炼，主要用于处理粗钨酸钠溶液，将钨萃取入有机相，起到净化除杂的作用，其原则流程如图 2-19 所示。

钨矿制备仲钨酸铵的溶剂萃取法工艺中，钨矿分解方法与化学沉淀法的工艺相同，均是钨矿经过氢氧化钠分解后，得到粗钨酸钠溶液。然后，将所得粗钨酸钠溶液进行净化和除杂，便可得到纯净钨酸钠溶液。接着，用盐酸调整纯钨酸钠溶液的酸度至 pH 值为 2.5~4.0 之间，并加入合适萃取剂，进行萃取反应，得到负载钨有机相（见式（2-38））。其次，负载钨有机相采用氨水溶液反萃，得到钨酸铵溶液（见式（2-39））。最后，经蒸发结晶制得仲钨酸铵产品。

$$5(R_3NH)_2SO_4(o) + 2H^+ + 2[H_2W_{12}O_{40}]^{6-}(a) \Longrightarrow 2(R_3NH)_5 +$$
$$H(H_2W_{12}O_{40})(o) + 5SO_4^{2-}(a) \qquad (2\text{-}38)$$

$$(R_3NH)_5H(H_2W_{12}O_{40})(o) + 24NH_4OH(a) \Longrightarrow 4R_3N(o) + 12(NH_4)_2 +$$
$$WO_4(a) + 16H_2O(a) \qquad (2\text{-}39)$$

溶剂萃取法工艺取代了化学沉淀法工艺中的沉淀人造白钨矿、人造白钨矿酸分解以及中间产物钨酸氨溶等工序。相比较而言，溶剂萃取法工艺较易于实现生

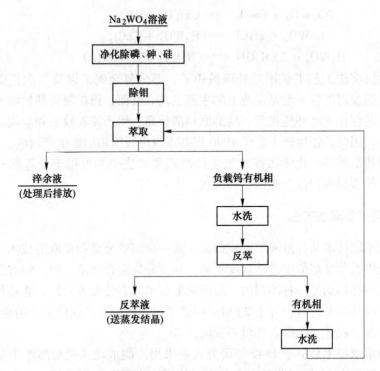

图 2-19　溶剂萃取法处理钨酸钠溶液原则流程

产过程的连续化和自动化。同时，溶剂萃取法工艺克服了化学沉淀法工艺中的固液分离多阶段操作而冗长的缺点。因此，溶剂萃取法工艺较化学沉淀法工艺的生产效率高。

2.4.3　离子交换法工艺

离子交换法工艺是指利用离子交换树脂对钨的亲和力，采用强碱性阴离子交换树脂处理粗钨酸钠分解液，其原则处理工艺流程如图 2-20 所示。

如图 2-20 所示，离子交换法工艺生产仲钨酸铵的流程可以描述为：钨精矿混合→磨矿→碱分解→脱磷→离子交换（含配料和除钼）→蒸发结晶。离子交换法工艺作为我国首创的钨矿冶炼技术和工业主流工艺，起到分离与富集钨的作用，对我国钨行业的可持续发展作出了巨大贡献。

2.4.3.1　钨精矿混合

由于钨精矿原料来源于市场上不同种类、不同产地，其品味和成分复杂多变。因此，生产上需要将不同批次的钨精矿按一定比例进行混合，以控制杂质总含量，便于后续稳定控制生产。混合后的钨精矿由电动葫芦吊进矿仓，经螺旋给料机以一定的速度定量送入双筒振动球磨机。

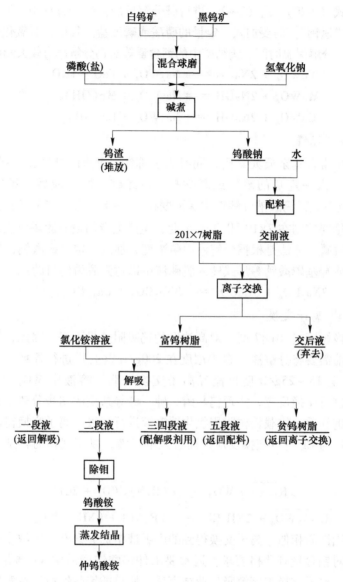

图 2-20　离子交换法工艺生产仲钨酸铵原则流程

2.4.3.2　磨矿

由于碱分解工艺对钨精矿的粒度有较高要求。因此，碱分解前需要对钨精矿进行球磨。生产上，将一定量的钨精矿送入球磨机后，定量给水进行磨矿。通过控制球磨时间，98%以上的钨精矿粒度可达到 0.043mm 以下，即满足生产要求。

2.4.3.3　碱分解

混合钨精矿经过球磨以后，得到矿浆。向该矿浆内加入氢氧化钠，于反应釜内按照反应式（2-40）~式（2-42）进行碱分解反应。生产过程中，为了抑制钨酸钠溶液发生"返钙"，需要加入一定量的磷酸或磷酸盐。其中，氢氧化钠用量、分解反应温度、分解保温时间、钨精矿中的钙含量等对钨分解率有较大影响。

$$FeWO_4 + 2NaOH = Na_2WO_4 + FeO + H_2O \qquad (2\text{-}40)$$

$$MnWO_4 + 2NaOH = Na_2WO_4 + Mn(OH)_2 \qquad (2\text{-}41)$$

$$CaWO_4 + 2NaOH = Na_2WO_4 + Ca(OH)_2 \qquad (2\text{-}42)$$

2.4.3.4　脱磷

钨精矿中常含有杂质元素磷，同时为了抑制"返钙"现象，在分解钨矿过程中，需要加入一定量的磷酸或磷酸盐。在经碱分解反应后，部分磷会进入 Na_2WO_4 溶液中。粗钨酸钠分解液中磷浓度在 $0.4 \sim 0.7 g/L$，产品仲钨酸铵的生产要求中磷含量要控制在 7×10^{-6} 以下。因此，生产上专门设有脱磷作业，对粗钨酸钠溶液进行脱磷。方法是根据分解液中磷浓度，加入一定量碳酸钙，料液中的磷将以磷酸钙或羟基磷酸钙等形式转入脱磷渣中以达到脱磷的目的：

$$2Na_3PO_4 + 3CaCO_3 = 3Na_2CO_3 + Ca_3(PO_4)_2 \qquad (2\text{-}43)$$

2.4.3.5　离子交换

离子交换树脂（201×7 型）对高浓度的钨吸附效果不好。因此，生产上在离子交换作业前需要将分解液（含钨浓度在 200g/L 以上）进行稀释。生产上将脱磷后液稀释至 15~25g/L 后再流经离子交换树脂，溶液中 WO_4^{2-} 与树脂按照式（2-44）进行交换反应，实现钨与磷、砷、硅等杂质的初步分离。待离子交换树脂吸附钨饱和后，将载钨树脂用氯化铵溶液进行解吸，离子交换树脂的钨便按照式（2-45）与 Cl^- 进行交换反应，而进入解吸液，以实现钨的转型并得到钨酸铵溶液。

$$2\overline{R_4NCl} + WO_4^{2-} \longrightarrow \overline{(R_4N)_2WO_4} + 2Cl^- \qquad (2\text{-}44)$$

$$\overline{(R_4N)_2WO_4} + 2NH_4Cl \longrightarrow 2\overline{R_4NCl} + (NH_4)_2WO_4 \qquad (2\text{-}45)$$

由于钨钼性质相似，离子交换得到的解吸液中仍会含有一定浓度的钼。而仲钨酸铵产品对钼含量有严格要求，通常要求仲钨酸铵产品中 Mo 含量在 20×10^{-6} 以下。因此，离子交换工序解吸作业结束后，所得的钨酸铵溶液在蒸发结晶前需要进行除钼作业。钨酸铵溶液体系除钼方法主要有选择性沉淀法、密实移动床-流化床离子交换法、树脂吸附沉淀法等。

在工业生产上，一般采用选择性沉淀法。该方法由中南大学李洪桂教授开创，原理是基于钼和钨对硫的亲和力差异，将钨酸铵溶液中的钼进行硫化，反应式如下：

$$MoO_4^{2-} + S^{2-} + H_2O = MoO_3S^{2-} + 2OH^- \qquad (2\text{-}46)$$

$$MoO_3S^{2-} + S^{2-} + H_2O = MoO_2S_2^{2-} + 2OH^- \qquad (2\text{-}47)$$

$$MoO_2S_2^{2-} + S^{2-} + H_2O \Longrightarrow MoS_3^{2-} + 2OH^- \tag{2-48}$$

$$MoOS_3^{2-} + S^{2-} + H_2O \Longrightarrow MoS_4^{2-} + 2OH^- \tag{2-49}$$

然后加入硫酸铜溶液（由五水硫酸铜加入氨水配成）进行沉钼，得到硫代钼酸铜沉淀（式（2-50）），可实现钼的深度净化。

$$MoS_4^{2-} + CuSO_4 \Longrightarrow CuMoS_4 + SO_4^{2-} \tag{2-50}$$

2.4.3.6 蒸发结晶

将除钼作业净化后的钨酸铵溶液通过水蒸气加热脱氨，使其不断酸化，仲钨酸铵（APT）便会在里面结晶析出。待溶液 pH 值降至 6.5~7.0 时，停止作业，放料，用布式吸滤槽过滤并水洗，制得产品仲钨酸铵。

钨酸铵溶液蒸发结晶制取 APT 反应式如下：

$$12(NH_4)_2WO_4 \Longrightarrow 5(NH_4)_2O \cdot 12WO_3 \cdot nH_2O + 14NH_3 + (7-n)H_2O \tag{2-51}$$

总之，离子交换法工艺是我国 20 世纪 70 年代末首创的钨矿冶炼生产技术，并经不断改进后，具有金属收率高、原料适应性强、操作环境友好等特点，在我国钨冶炼行业得到了广泛应用。

2.5 问题提出的背景

钨是不可再生的国家战略性资源，素有"工业牙齿"之称，广泛应用于国防工业、航空航天、机械制造、石油钻探等领域。钨产业关系着国家的经济命脉与国防安全。2016 年，国家工业和信息化部制定了《有色金属工业发展规划（2016—2020 年)》，明确将钨列为重要的有色金属战略资源，需要进行重点保护和高效利用。我国是钨资源大国，钨资源储量和产量均居世界第一位。

自然界存在许多种钨矿，但具有工业应用价值的是黑钨矿和白钨矿。我国钨矿基础储量中，白钨矿资源约占 70%，黑钨矿资源约占 20%，黑白钨混合矿资源约占 10%。显然，白钨矿资源占据了绝对优势。然而，白钨矿嵌布粒度细，伴生组分多且共生关系复杂，属典型的难处理钨矿。近些年新发现的钨矿床大多也是白钨矿。早期典型的氢氧化钠分解法和碳酸钠压煮法已不适用于白钨矿冶炼。因此，开发适合我国白钨矿冶炼的方法迫在眉睫。

长期以来，我国钨冶炼企业主要处理易选易冶的黑钨矿。目前，黑钨矿资源几近枯竭。尽管近些年我国在钨矿找矿方面取得了些可喜成绩，但发现的多为难选冶的白钨矿。如 2016 年江西浮梁县发现的世界最大钨矿（朱溪矿，WO_3 储量达 286 万吨）和 2010 年江西武宁县发现的世界超大型钨矿（大湖塘矿，WO_3 储量为 106 万吨），两者均为复杂难处理白钨矿。同时，我国还有相当部分的黑白钨混合矿，如湖南柿竹园钨矿探明钨储量约为 75 万吨和闽西行洛坑钨矿探明钨储量约为 30 万吨。随着优质黑钨矿资源不断地被消耗殆尽，难选冶的白钨矿，甚至是黑白钨混合矿成为钨冶炼工业的必然选择。

工业上，氢氧化钠分解法常用于处理黑钨矿。加入某些添加剂（如磷酸盐）等条件下，该方法也能处理白钨矿和黑白钨混合矿。但在分解白钨矿和黑白钨混合矿过程中，需采用高温、高压和高碱等强化措施，才能实现与黑钨矿相近钨分解率，且大量过剩碱难以经济有效回收，生产成本较高。因此，亟须开发白钨矿的高效分解技术，以适应钨资源形势的转变。

"十四五"期间是我国钨工业向高质量发展转型的重要阶段，也是我国跻身世界钨工业强国的关键时期，开发白钨矿冶炼新技术对提高我国难处理钨矿资源的综合利用率具有重要的科学意义。

2.6 科研的内容、目的及创新点

2.6.1 主要科研内容

本课题内容主要包括以下几个方面：

（1）基于矿浆-树脂法的特性，结合白钨矿的分解实质是将 W 与 Ca 分离，将树脂引入白钨矿分解体系，研究矿浆-树脂法分解白钨矿的效果。

（2）对不同型号离子交换树脂吸附钨的特性进行研究，筛选出最优的阴离子交换树脂并应用于白钨矿酸浸体系。

（3）对不同型号离子交换树脂吸附钙的特性进行研究，筛选出最优的阳离子交换树脂并应用于白钨矿酸浸体系。

（4）离子交换树脂的解吸与再生，并衡量树脂的经济性。

（5）提出矿浆-树脂法处理白钨矿新工艺的原则流程图，展开全流程实验，并初步分析新工艺的主要技术指标和经济效益。

根据研究内容，制定本课题的研究框架，如图 2-21 所示。

2.6.2 科研目的

钨及其钨制品是我国不可或缺的战略资源，而从钨矿中提取钨是制备钨及含钨产品的关键步骤。随着优质黑钨矿资源的不断消耗殆尽，白钨矿资源逐渐成为我国钨冶炼企业的主要生产原料。但是，工业上主流的氢氧化钠分解法和碳酸钠压煮法处理白钨矿存在高温、高压和高碱等问题。

此外，采用碱法分解白钨矿时，分解液中的 WO_4^{2-} 易与体系中的钙结合而发生逆反应，生成二次白钨（$CaWO_4$）造成"返钙"问题，严重影响了钨的分解率。因此，基于碱法分解的技术体系已不适用于处理日益复杂化的白钨矿。

本书立足实际，考虑现有钨工业生产中普遍应用的碱压煮工艺存在原料适应性低及高碱、高温和高压等问题，拟开发白钨矿提取冶金新技术，以期实现白钨矿资源的低试剂量消耗、低温度分解的操作冶炼工艺。

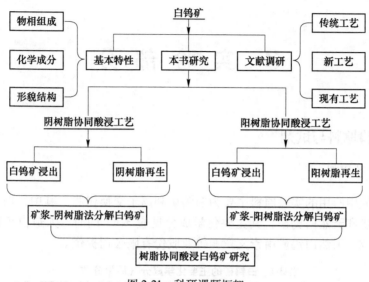

图 2-21 科研课题框架

2.6.3 主要创新点

本课题的主要创新点在于：

（1）通过解析树脂协同稀酸分解白钨矿的反应机理，掌握白钨矿酸分解的规律和离子交换树脂对钨同多酸和钙离子的吸附规律，为白钨矿分解生成钨同多酸提供理论支撑。该创新点属于问题多角度新思考。

（2）利用离子交换树脂的吸附特性，提出了矿浆-树脂法处理白钨矿新技术。其中，阴离子交换树脂对钨阴离子的吸附和阳离子交换树脂对钙阳离子的吸附，均可以促进白钨矿的酸浸出反应，阐明离子交换树脂协同稀酸分解白钨矿的机理，丰富了湿法冶金的基础理论。该创新点属于技术方法新思路。

3 实验部分

3.1 实验原料与试剂

3.1.1 实验原料

本研究中所用的实验原料主要为白钨矿和离子交换树脂。其中,白钨矿分为人造白钨矿和天然白钨矿,其主要化学成分见表 3-1。同时,人造白钨矿由实验室自行合成,天然白钨矿由崇义章源钨业股份有限公司提供。

表 3-1 白钨矿的主要化学成分(质量分数) (%)

序号	$w(WO_3)$	$w(Ca)$	$w(Mo)$	$w(Al)$	$w(S)$	$w(Si)$	$w(Fe)$	$w(Mn)$	$w(F)$	$w(Sn)$	$w(P)$
1	62.21	16.50	0.02	0.33	0.19	0.32	0.53	0.16	6.17	0.70	0.08
2	78.51	13.62	—	—	—	—	—	—	—	—	—
3	58.28	20.73	0.01	0.01	0.25	0.01	0.22	0.04	5.51	1.53	0.10
4	78.92	13.87	—	—	—	—	—	—	—	—	—

注:"—"表示未检测;序号 1,3 为天然白钨矿;序号 2,4 为人造白钨矿。

3.1.2 实验试剂

除了实验原料以外,本研究过程中用到的主要化学试剂、规格与厂家见表 3-2。

表 3-2 实验试剂

名称	分子式	规格	生产厂家
钨酸钠	$Na_2WO_4 \cdot 2H_2O$	AR	汕头市西陇化工厂
氯化钙	$CaCl_2 \cdot 2H_2O$	AR	汕头市西陇化工厂
氯化钠	$NaCl$	AR	成都市科隆化工试剂有限公司
氢氧化钠	$NaOH$	AR	汕头市西陇化工厂
盐酸	HCl	AR	国药集团化学试剂有限公司
氯化钠	$NaCl$	AR	汕头市西陇化工厂
氯化铵	NH_4Cl	AR	成都市科隆化工试剂有限公司
氨水	$NH_3 \cdot H_2O$	AR	国药集团化学试剂有限公司

3.2 实验仪器及装置

3.2.1 实验仪器

本研究过程中所用的主要实验仪器和设备见表3-3。

表3-3 实验主要仪器和设备

名 称	型 号	生产厂家
球磨机	QM-3SP4J	南京大学仪器厂
pH 计	PE-20K	梅特勒-托利多集团
电子天平	TP-300E	湘仪天平仪器设备有限公司
水浴恒温振荡器	BS-31	金坛市精达仪器制造有限公司
恒温水浴加热锅	SHJ-A6	金坛市精达仪器制造有限公司
X 射线荧光分析仪	ZSX Primus-Ⅱ	日本 Rigaku
真空恒温干燥箱	DZF-6050	上海精宏实验设备有限公司
反应釜	WHF-1	山东威海自控反应釜有限公司
箱式电阻炉	SRJX-8-13	北京光明医疗仪器厂
循环水式多用真空泵	SHZ-ⅢB	郑州长城科工贸有限公司
振动磨样机	XZM-100	武汉探矿机械厂
激光粒度分析仪	MMS-2000	英国马尔文仪器有限公司
红外分析仪	TENSOR27	德国布鲁克
纯水机	1010A	重庆摩尔水处理设备有限公司
X 射线衍射仪	TTR-Ⅲ	日本 Rigaku
扫描电镜仪	IT-300LA	日本 Rigaku
拉曼能谱仪	Raman-INVIA	中科百测中心
电感耦合等离子体原子发射光谱仪	ICP-AES PS-6	美国 Baird 公司

3.2.2 实验装置

3.2.2.1 白钨矿浸出装置

图3-1所示为白钨矿浸出装置，其中三口圆底烧瓶容积为1L。

3.2.2.2 树脂再生装置

图3-2所示为矿浆-树脂法中树脂再生装置，其中，离子交换柱为有机玻璃管。

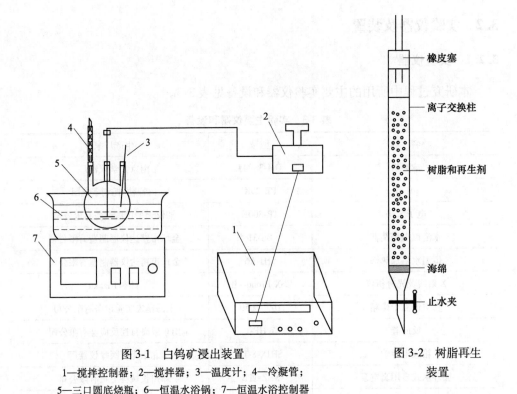

图 3-1 白钨矿浸出装置
1—搅拌控制器；2—搅拌器；3—温度计；4—冷凝管；
5—三口圆底烧瓶；6—恒温水浴锅；7—恒温水浴控制器

图 3-2 树脂再生
装置

3.3 实验方法

本研究的主要实验包括以下几个部分：人造白钨矿的制备，离子交换树脂的预处理，白钨矿的预处理，白钨矿的浸出，离子交换树脂的解吸与再生。各实验具体操作如下所述。

3.3.1 人造白钨矿的制备方法

参照文献 [201] 中提及的方法在实验室制备人造白钨矿。人造白钨矿的制备方法如下：首先，在一恒定的搅拌速度下，将理论量的钨酸钠（$Na_2WO_4 \cdot 2H_2O$）和氯化钙（$CaCl_2 \cdot 2H_2O$）分别溶于去离子水中得到钨酸钠溶液和氯化钙溶液。然后，将这两种溶液混合，产生沉淀，可表示为：

$$Ca^{2+} + WO_4^{2-} = CaWO_4(s) \tag{3-1}$$

反应结束后，用布氏漏斗过滤，分离出生成的沉淀物，并用去离子水彻底洗净后（无残留的 NaCl 或 $CaCl_2$），放入烘箱于 105℃烘干，其 XRD 分析结果（图 3-3）表明该沉淀物为钨酸钙。

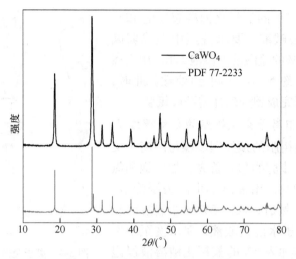

图 3-3　人造白钨矿的 XRD 图谱

3.3.2　离子交换树脂预处理方法

离子交换树脂是一种高分子有机化合物，于 1935 年由英国人 Holmas 和 Adams 制备。离子交换树脂的骨架是由一个具有三维空间网状结构的碳氢链组成的不规则大分子。离子交换树脂的骨架有多种，如苯乙烯系、丙烯酸系、醋酸系、环氧系、乙烯吡啶系、脲醛系、氯乙烯系等。

离子交换树脂的骨架上带有离子团，起到交换的作用。在阴离子交换树脂的骨架上带有离子为：

$$-NH_3^+, \quad >NH_2^+, \quad >N^+, \quad -S^+$$

在阳离子交换树脂的骨架上带有离子为：

$$-SO_3^-, \quad -COO^-, \quad -PO_3^{2-}, \quad -AsO_3^{2-}$$

由于离子交换树脂在生产以及运输的过程中，会带入少许脏物。因此，在离子交换树脂使用前需要对其进行预处理，以除去杂质。另外，离子交换树脂的出厂形式不一定与实验所需要的形式相符，经过预处理后，可以使得离子交换树脂进行转型成实验所需要的形式。此外，离子交换树脂经长时间的存放，水分有挥发，为了避免在使用时遇水突然发生膨胀而导致树脂破裂，也需要对树脂进行预处理作业，使树脂充分溶胀。

3.3.2.1　阴离子交换树脂的预处理方法

阴离子交换树脂的预处理步骤为：首先，加入饱和氯化钠溶液浸泡 24h 后，用去离子水洗去浸泡液，要求洗至中性。洗涤过程中，可以采用如图 3-4 所示的装置进行过滤、洗涤。

然后，加入5%的氢氧化钠溶液浸泡12h，用去离子水洗去碱液，要求洗至中性或弱碱性。接着加入5%的盐酸溶液浸泡12h，用去离子水洗至pH值约5~6，结束预处理。此时，阴离子交换树脂完成预处理并转型成氯型。

3.3.2.2 阳离子交换树脂的预处理方法

阳离子交换树脂的预处理步骤与阴离子交换树脂的预处理步骤类似：首先，加入饱和氯化钠溶液浸泡24h，用去离子水洗去浸泡液，要求洗至中性。然后，加入5%的盐酸溶液浸泡12h，用去离子水洗去酸液，要求洗至中性或弱酸性。接着加入5%的氢氧化钠溶液浸泡12h，用去离子水洗去碱液，要求洗至中性或

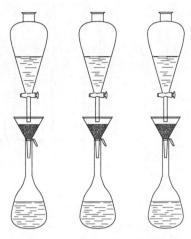

图3-4　离子交换树脂洗涤装置

弱碱性。最后加入5%的盐酸溶液浸泡8h，用去离子水洗至pH值约5~6，结束预处理。此时，阳离子交换树脂完成预处理并转型成氢型。

以市售的732(001×7)树脂为例，其为强酸性阳离子交换树脂，出厂形式一般为钠型（R—SO$_3$Na），而实验过程中一般用的阳离子交换树脂为氢型（R—SO$_3$H）。因此，在经预处理后可转型为氢型：

$$R—SO_3Na + HCl \Longrightarrow R—SO_3H + NaCl \tag{3-2}$$

市售的717(201×7)树脂，为强碱性阴离子交换树脂，出厂形式通常为氯型（R—NCl），而实验过程中有时需要为OH$^-$型（R—NOH）。因此，在经预处理后可转型为氢氧型：

$$R—NCl + NaOH \Longrightarrow R—NOH + NaCl \tag{3-3}$$

3.3.3 白钨矿的预处理方法

钨矿浸出属于固液反应体系，在固液反应中，钨矿粒度对钨的浸出率有较大影响，降低钨矿粒度有利于提高钨分解率。因此，工业上在钨矿分解前需要对钨矿进行磨矿作业预处理，以使钨精矿粒度达到工艺生产要求。同时，钨矿经过磨矿预处理后，能使矿物晶格发生畸变，从而增大反应活化能。究其原因，固体矿物在磨细过程中可以破坏其内部分子结构，将物料的次生致密结构分散，颗粒与颗粒间的结合键就会充分暴露，而形成不饱和的化学游离键，从而增大了表面积，缩短了内扩散路程。因此，通过对矿物粒度磨细这一预处理方式可使分解速率大大加快。工业上对磨矿的工艺要求是98%以上的钨精矿粒度为0.043mm（-320目）以下。

钨矿的磨矿预处理在球磨机（图3-5）内进行，首先，将适量的钨矿和钢球

以及自来水，三者以合适的比例装入容器内。球磨时间结束后，将矿浆（矿与水的混合物）取出。取出时，为分离出钢球，可以采用将矿浆流过 40 目的筛子，并用水进行冲洗，达到分离钢球和矿浆的目的。取出的矿浆用陶瓷托盘盛放，并置于烘箱 120℃ 进行烘干。烘干的钨矿放入研钵内进行手动研磨，并过 100 目标准筛。筛分好的钨矿装袋扎好，留作浸出实验用。

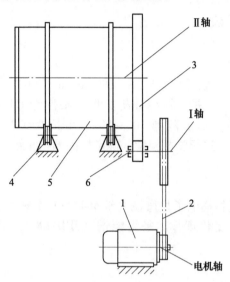

图 3-5　白钨矿预处理球磨机装置

1—电机；2—带传动；3—齿轮传动；4—滚轮；5—球磨机筒体；6—轴承

3.3.4　白钨矿的浸出方法

如图 3-1 所示，白钨矿的浸出实验在恒温水浴加热锅内进行。

称取 5g 白钨矿和一定量的离子交换树脂，放入三口圆底烧瓶（1L）中，加入一定量盐酸溶液后，于水浴锅内保温反应一段时间，过滤，得到浸出液。然后用筛子（100 目[1]）将树脂与浸出渣分离，并用去离子水将其分别洗净，分析浸出液和浸出渣中的钨含量，计算钨浸出率。

3.3.5　离子交换树脂的解吸方法

离子交换树脂的解吸实验在恒温水浴加热锅内进行。将离子交换树脂用去离子水洗净后，装入三角烧瓶中，加入适量解吸剂，将三角烧瓶置于水浴锅内反应一段时间，结束解吸，过滤，得到解吸液和树脂，树脂用水洗净，解吸液送测钨浓度，计算钨解吸率。

---

❶　100 目 = 140μm。

3.3.6　离子交换树脂的再生方法

如图 3-2 所示，离子交换树脂的再生实验在离子交换柱内进行，将需要再生的树脂装入柱子内，用去离子水洗净后加入再生试剂浸泡一段时间后，放出再生试剂，用去离子水洗净，完成离子交换树脂的再生。

3.4　分析及表征手段

3.4.1　物相分析

采用 X 射线衍射仪（X-ray Diffraction，XRD，D8-Advance，Bruker Corporation）对固体样品进行物相分析。测定条件为 Cu 靶 Kα 射线，管电压 40kV，管电流 250mA，扫描范围 10°～80°，步长 0.02°，10°/min。测定所得 XRD 图谱采用 Jade 6.0 进行物相检索，确定样品的物相组成。

3.4.2　微观形貌分析

采用 IT-300LA 型扫描电子显微镜（SEM-EDS）分析样品的表面形貌，研究物质反应前后形貌的变化规律。采用能谱（JED-2000）分析样品的元素分布规律。

3.4.3　钨浓度分析

采用硫氰酸盐分光光度法测定溶液中的三氧化钨，其测定原理是：在约 3.5mol/L 的盐酸介质中，用 $TiCl_3$ 作为还原剂，将钨（Ⅵ）按式（3-4）还原为钨（Ⅴ）后，与硫氰酸盐反应生成黄绿色络合物而显色。

$$WO_4^{2-} + 6HCl + TiCl_3 + KCNS \longrightarrow K[WO(CNS)_4] + 3KCl + 2Cl^- + TiCl_4 + 3H_2O$$

$$(3-4)$$

3.4.4　元素定量分析

采用电感耦合等离子体原子发射光谱仪（ICP）对溶液中如 W、Ca、Mg、Cl 等浓度进行分析。

3.4.5　粒径分析

采用激光粒度分析仪分析样品的颗粒尺寸大小。测定过程中，以酒精作为分散介质，经超声波清洗器振荡后进行测定。

3.4.6　X 射线荧光光谱分析

采用 X 射线荧光光谱分析仪（XRF）对固体样品中元素的种类和含量进行分析。其测定原理是利用原级 X 射线光子或其他微观粒子激发待测物质中的原子，使之产生次级的特征 X 射线而进行物质成分和化学态研究。

3.4.7 傅里叶红外光谱分析

采用溴化钾压片法对样品进行红外分析（FTIR）。压片前，将样品碾磨至粉末并过 200 目筛。测定时，取适量样品与 KBr 充分混合均匀后压片，在 $400 \sim 4000cm^{-1}$ 范围内进行红外光谱扫描。

3.4.8 拉曼光谱分析

采用激光显微共聚焦拉曼光谱仪对样品进行拉曼分析（Raman）。测定时，将样品置于载玻片上，在 532nm 激发波长的高强度极化光下进行光谱数据收集，数据收集范围为 $100 \sim 1200cm^{-1}$，曝光时间为 10s，光能量比小于 5%，同时重复收集两次数据以提高信噪比。

4 离子交换树脂吸附钨同多酸实验

4.1 引言

离子交换树脂引入钨矿的稀酸分解（钨以钨同多酸形态存在）过程中，其中需要明确的一个关键因素是树脂对钨同多酸的吸附规律，包括树脂的种类、含量、吸附时间、液固比等影响树脂吸附钨的因素。对此，本章考察不同离子交换树脂对钨同多酸溶液的吸附实验，拟查明树脂吸附钨同多酸的影响规律，为后续树脂引入钨矿分解过程提供参考依据。

4.2 钨同多酸溶液的配制

在碱性溶液中，钨通常以正钨酸根 WO_4^{2-} 形体存在；而在酸性溶液中，钨会与氧原子发生聚合反应，生成一系列聚合钨酸盐，即钨同多酸盐。正钨酸根在酸化过程中，会生成一系列如 $W_{12}O_{41}^{10-}$、$HW_7O_{24}^{5-}$、$H_2W_{12}O_{40}^{6-}$ 等钨同多酸离子形体：

$$14H^+ + 12WO_4^{2-} \Longrightarrow W_{12}O_{41}^{10-} + 7H_2O \tag{4-1}$$

$$9H^+ + 7WO_4^{2-} \Longrightarrow HW_7O_{24}^{5-} + 4H_2O \tag{4-2}$$

$$14H^+ + 12WO_4^{2-} \Longrightarrow H_2W_{12}O_{42}^{10-} + 6H_2O \tag{4-3}$$

$$8H^+ + 7WO_4^{2-} \Longrightarrow W_7O_{24}^{6-} + 4H_2O \tag{4-4}$$

$$18H^+ + 12WO_4^{2-} \Longrightarrow H_2W_{12}O_{40}^{6-} + 8H_2O \tag{4-5}$$

基于上述性质，实验所用的钨同多酸溶液由实验室自行合成，以配制 1.5L 含 WO_3 浓度为 5g/L 的钨同多酸溶液为例。首先，称取 10.67g 的二水合钨酸钠固体颗粒，加入去离子水将其全部溶解后，加水配成 1.5L 溶液。然后，往该溶液中缓慢滴加体积比为 1:1 的盐酸溶液，边滴定加边搅拌并实时测定溶液体系的 pH 值，待溶液 pH 值降至 2~3 范围时，停止滴加盐酸。此时，钨同多酸溶液配制好，取样测定该溶液中 WO_3 浓度，并记录数据。将配制好的钨同多酸溶液装试剂瓶保存，贴好标签，留做后续实验用。

4.3 吸附钨同多酸的树脂选型

离子交换树脂吸附钨同多酸溶液的实验在水浴恒温振荡器（图 4-1）中进行，树脂和钨同多酸溶液装在玻璃三角锥形瓶内。

首先，取 50mL 上述配制好的钨同多酸溶液于 100mL 的三角锥形瓶内。然

图 4-1 水浴恒温振荡器

1—温度显示屏；2—时间与转速显示屏；3—电源开关；
4—振荡往复选择开关；5—振荡器盖子；6—振荡器主体

后，加入一定量的阴离子交换树脂，塞上瓶塞。接着，将锥形瓶置于水浴恒温振荡器内，盖上振荡器盖子，保温振荡一段时间。最后，将锥形瓶拿出，取适量清液送测钨（WO_3）浓度，并按照下式计算树脂吸附钨的吸附率。

$$\gamma = \frac{C_0 \cdot V_0 - C_1 \cdot V_1}{C_0 \cdot V_0} \times 100\% \tag{4-6}$$

式中　γ——钨吸附率，%；

C_0，C_1——钨同多酸溶液吸附前与吸附后的 WO_3 浓度，g/L；

V_0，V_1——钨同多酸溶液吸附前与吸附后的溶液体积，L。

选用 D301、D290、D314、201×7 和 M20（陶氏树脂）5 种不同的阴离子交换树脂，探究其吸附钨同多酸离子的吸附效果。表 4-1 列出了该 5 种离子交换树脂的性能参数。

表 4-1　离子交换树脂的性能参数

指标名称	D301	D290	D314	201×7	M20
含水量/%	48.00~58.00	50.00~60.00	60.00~65.00	53.00~58.00	55.00~65.00
体积全交容量 /mmol·mL^{-1}	≥1.45	≥1.2	≥2.2	≥1.10	≥1.0
质量全交换容量 /mmol·g^{-1}	≥4.80	≥3.8	≥7	≥3.80	
湿视密度 /g·mL^{-1}	0.65~0.72	0.65~0.75	0.65~0.75	0.66~0.71	1.08

续表 4-1

指标名称	D301	D290	D314	201×7	M20
湿真密度 /g·mL⁻¹	1.030~1.060	1.06~1.11	1.06~1.10	1.06~1.19	0.704
粒度范围/%	(0.315~1.25mm) ≥95.00	(0.315~1.5mm) ≥90.00	(0.315~1.25mm) ≥95.00	(0.315~1.25mm) ≥95.00	

　　量取上述所配制的钨同多酸溶液（WO_3 浓度为 4.11g/L，溶液 pH 值为 2~3）50mL 于 100mL 的玻璃三角锥形瓶，分别加入理论量 20 倍、10 倍量的离子交换树脂，塞好瓶塞后放入恒温水浴振荡器，于 20℃下保温振荡（振荡速度：250rpm）4h 后取出，取清液测钨浓度，根据式（4-6）计算不同树脂对钨的吸附率，不同种类树脂对钨同多酸吸附的效果实验结果，如图 4-2 所示。

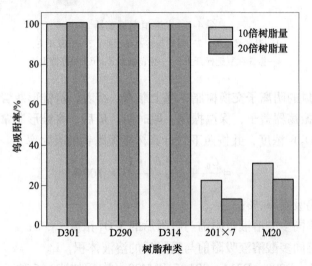

图 4-2　不同种类树脂对钨同多酸吸附的效果

　　由图 4-2 可知，D301、D290、D314 这 3 种大孔型树脂对钨同多酸溶液的吸附效果较好，而凝胶型树脂 201×7 和 M20 对钨同多酸的吸附效果较差。可能是因为钨同多酸离子属大分子结构，大孔型树脂孔径较凝胶型树脂大，因而大孔型树脂的吸附效果更好。对此，选用 D301、D290、D314 这 3 种树脂继续进行筛选，树脂用量改为理论量 5 倍和 2 倍量，其他条件与上述相同，不同大孔型树脂对钨同多酸吸附的效果实验结果，如图 4-3 所示。

　　由图 4-3 可知，不论是在 5 倍量树脂还是 2 倍量树脂条件下，D301 树脂对钨同多酸离子的吸附效果均比 D290 和 D314 树脂的吸附效果好。

　　同时，由 D301 树脂的 SEM-EDS 分析结果可知，该树脂在吸附钨前为氯型，吸附钨后氯含量明显减少，且新增加了钨的含量（图 4-4）。另外，从图 4-4 中不

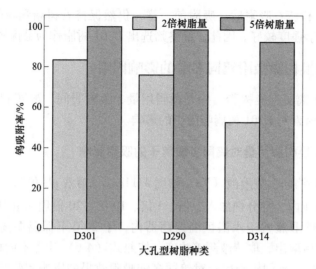

图 4-3　不同大孔型树脂对钨同多酸吸附的效果

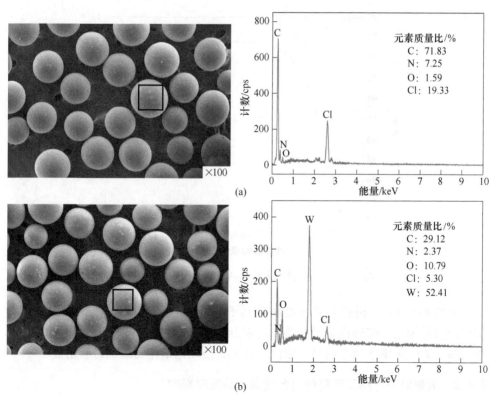

图 4-4　D301 树脂的 SEM-EDS 图

（a）吸附前；（b）吸附后

难看出，D301 树脂在吸附后与吸附前一样，仍然保持着树脂颗粒的完整性，即该树脂的抗力学强度较好。因此，最终筛选出 D301 树脂作为最优树脂种类。

4.4　离子交换树脂吸附钨同多酸的影响因素

选用 D301 离子交换树脂，探究树脂用量、吸附时间、溶液 pH 值、吸附温度和钨浓度等因素对 D301 树脂吸附钨的影响。

4.4.1　离子交换树脂用量对钨同多酸离子的吸附影响

量取 50mL 钨同多酸溶液（WO_3 浓度 4.11g/L，溶液 pH 值为 2~3）4 份，装入 100mL 锥形瓶内，并分别加入 2 倍、5 倍、10 倍、20 倍理论量 D301 树脂，塞好瓶塞后再将锥形瓶置于水浴恒温振荡器内，于 20℃下保温振荡（振荡速度：250r/min）4h 后取出，取清液测钨浓度，按照式（4-6）计算不同树脂用量对钨的吸附率的影响，不同树脂用量对钨同多酸吸附效果的影响实验结果，如图 4-5 所示。

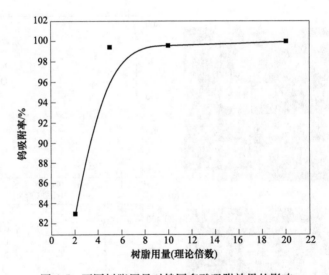

图 4-5　不同树脂用量对钨同多酸吸附效果的影响

由图 4-5 可知，树脂用量的增加有利于 D301 树脂吸附钨，当树脂用量由 2 倍理论量增加至 5 倍理论量时，钨吸附率由 82.97% 增加至 99.39%。继续增加树脂用量，钨吸附率增加不明显。因此，选择 5 倍理论量作为最优树脂用量。

4.4.2　吸附时间对树脂吸附钨同多酸离子的吸附影响

量取 50mL 钨同多酸溶液（WO_3 浓度 4.11g/L，溶液 pH 值为 2~3）若干份，装入 100mL 锥形瓶内，分别加入 5 倍理论量 D301 树脂，塞好瓶塞后再将锥形瓶置于水浴恒温振荡器内，于20℃下分别保温振荡（振荡速度：250r/min）10min、20min、30min、40min、50min、60min、80min、100min、120min、150min、180min、210min、240min、270min、300min 后取出，取清液测钨浓度，按照式（4-6）计算不同吸附时间对钨的吸附率的影响，不同吸附时间对钨同多酸吸附效果的影响实验结果，如图4-6所示。

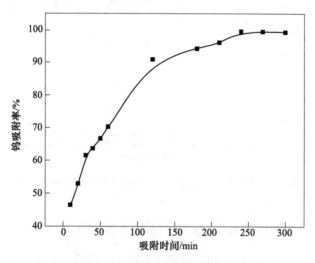

图4-6 不同吸附时间对钨同多酸吸附效果的影响

由图4-6可知，D301树脂对钨的吸附率随着吸附时间的延长而增加，最终在吸附时间为240min时达到吸附平衡。因此，吸附时间宜选用240min（4h）。

4.4.3 溶液 pH 值对树脂吸附钨同多酸离子的吸附影响

由前述可知，上述实验使用的钨同多酸溶液体系 pH 值为2~3，为深入探究溶液体系 pH 值对 D301 树脂吸附钨同多酸离子的影响，现采用1：1配制的盐酸或5%的氢氧化钠溶液进行调节钨同多酸溶液体系的 pH 值分别为1.17、2.32、3.28、4.11 和4.92，其他实验条件与上述相同，即 50mL 钨同多酸溶液（WO_3 浓度5.03g/L）、5 倍理论量 D301 树脂、20℃保温振荡（振荡速度：250r/min）4h，不同溶液体系 pH 值对钨同多酸吸附效果的影响实验结果，如图4-7所示。

由图4-7可知，在所探究的钨同多酸溶液体系的 pH 值范围1~5 内，溶液体系的 pH 值对 D301 树脂吸附钨同多酸离子的影响较大。当溶液体系 pH 值为1.17~3.28 范围内，D301 树脂对钨的吸附率随着 pH 值上升而增加，且在 pH 值为2.32 时达到最大值。当溶液体系 pH 值超过3.28 时，D301 树脂对钨的吸附率随着 pH 值上升而急剧下降。原因可能是低酸度下不利于钨同多酸离子的稳定性。因此，宜选用钨同多酸溶液的体系 pH 值为2~3。

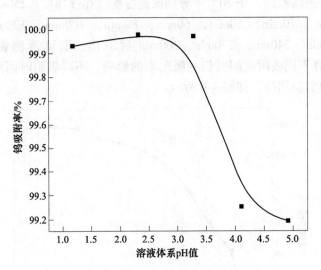

图 4-7　不同溶液体系 pH 值对钨同多酸吸附效果的影响

4.4.4　吸附温度对树脂吸附钨同多酸离子的吸附影响

在 50mL 钨同多酸溶液（WO$_3$ 浓度 5.03g/L，溶液 pH 值为 2~3）、5 倍理论量 D301 树脂、振荡速度为 250r/min、吸附时间 4h 的实验条件下，探究不同吸附温度对 D301 树脂吸附钨的影响，不同吸附温度对钨同多酸吸附效果的影响实验结果，如图 4-8 所示。

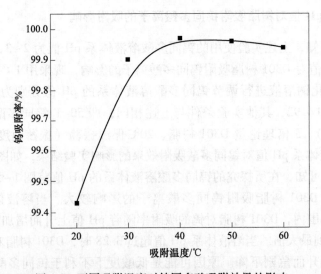

图 4-8　不同吸附温度对钨同多酸吸附效果的影响

由图 4-8 可知，在所考查的温度范围 20~60℃内，吸附温度对 D301 树脂吸附钨的影响较大。钨吸附率随着吸附温度的提高而增加，当吸附温度由 20℃提高至 40℃时，钨吸附率由 99.43%增加至 99.97%。当吸附温度超过 40℃而继续提高温度时，钨吸附率会略有下降。因此，宜选用吸附温度为 40℃为宜。

4.4.5 钨浓度对树脂吸附钨同多酸离子的吸附影响

在 50mL 钨同多酸溶液、5 倍理论量 D301 树脂、40℃保温振荡（振荡速度：250r/min）4h 的实验条件下，探究 WO₃ 浓度为 5g/L、10g/L、50g/L、100g/L、200g/L 的不同钨浓度的钨同多酸溶液（溶液 pH 值为 2.25~2.34）对 D301 树脂吸附钨的影响，不同钨浓度对钨同多酸吸附效果的影响实验结果，如图 4-9 所示。

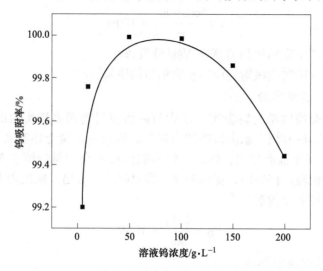

图 4-9　不同钨浓度对钨同多酸吸附效果的影响

由图 4-9 可知，D301 树脂吸附钨的吸附率随着钨浓度的增加先增加而后下降。当钨同多酸溶液中的钨浓度由 5g/L 提高至 50g/L 时，D301 树脂吸附钨的吸附率由 99.2%上升至 99.99%。但是，当钨浓度（WO₃）继续增加，即超过 100g/L 时，D301 树脂吸附钨的效果明显变差。因此，宜选用钨浓度 50~100g/L。

4.5　附钨树脂的解吸条件

由上所述，D301 离子交换树脂对钨同多酸离子具有较好的亲和力，在最优条件下，D301 树脂对钨的吸附率达到 99.4%以上。但是，该树脂的解吸能力如何还不得而知。换句话说，如何高效地把被吸附到 D301 树脂上的钨解吸下来还有待于考察。对此，探究 D301 附钨树脂的解吸条件，探明解吸剂种类、解吸剂用量、解吸剂浓度、解吸温度和解吸时间等因素对 D301 附钨树脂解吸钨的影响。

4.5.1　附钨树脂的制备及解吸实验方法

4.5.1.1　附钨树脂的制备

根据上述 D301 树脂吸附钨同多酸离子的最优条件值，制备足量的 D301 附钨树脂。具体制备方法如下：首先，按照上述提及的方法配制 5L 钨同多酸溶液。然后，检测该钨同多酸溶液的 WO_3 浓度值。其次，在最优吸附条件参数下，加入质量为 m_1（干重）的 D301 树脂对该钨同多酸溶液进行吸附。接着，将吸附饱和的 D301 树脂过滤，分离附钨树脂和吸附后液，并将附钨树脂用纯水洗净，置于恒温烘箱 55℃烘干后取出，冷却至室温，称重，质量记为 m_2。最后，将树脂装袋，留作解吸实验用。根据下式计算附钨树脂所含的 WO_3 含量。

$$w = \frac{m_2 - m_1}{m_1} \times 100\% \qquad (4\text{-}7)$$

式中　w——D301 附钨树脂的 WO_3 质量分数，%；

　m_1，m_2——D301 树脂吸附钨前与吸附钨后的质量，g。

4.5.1.2　解吸实验方法

附钨离子交换树脂的解吸实验步骤与树脂吸附钨同多酸实验的相同，均在 100mL 三角锥形瓶和恒温水浴振荡器内进行。称取一定量上述制备的 D301 附钨树脂于 100mL 三角锥形瓶内，然后往锥形瓶内加入合适量的解吸剂，塞好瓶塞后，置于水浴恒温振荡器内，保温振荡一段时间后，拿出，取瓶内上清液测钨浓度，计算树脂解吸钨的解吸率：

$$\eta = \frac{C_2 V_2}{mw} \times 100\% \qquad (4\text{-}8)$$

式中　η——钨的解吸率，%；

　m——D301 附钨树脂的质量，g；

　C_2——解吸液的 WO_3 浓度，g/L；

　V_2——解吸液的体积，L。

4.5.2　附钨树脂的解吸剂种类选择实验

选用相同浓度和相同体积的 $NaOH$、NH_4OH、NH_4Cl、$NaCl$、NH_4OH+NH_4Cl 混合溶液的 5 种不同的解吸剂，探究最优的 D301 附钨树脂的解吸剂种类。具体解吸实验操作为：称取 D301 树脂 1g，置于 100mL 玻璃三角锥形瓶内，并加入上述一定量体积的解吸剂（浓度为 3mol/L），塞好瓶塞，将锥形瓶置于水浴恒温振荡器内，于 40℃、250r/min、240min 下震荡反应，结束后将锥形瓶从水浴恒温振荡器中取出，待冷却至室温后取瓶内清液测 WO_3 浓度，并按照式（4-8）计算 D301 附钨树脂的钨解吸率，不同解吸剂种类解吸附钨树脂上钨的效果实验结果，如图 4-10 所示。

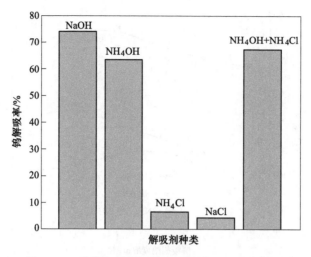

图 4-10 不同解吸剂种类解吸附钨树脂上钨的效果

由图 4-10 可知，在解吸剂浓度都为 3mol/L 和其他条件相同的情况下，NaOH 溶液对钨的解吸率最好，NH_4OH+NH_4Cl 溶液对钨的解吸率次之，NH_4OH 溶液对钨的解吸率随后。而 NH_4Cl 溶液和 NaCl 溶液对钨的解吸率很差，钨解吸率均不高于 10%。因此，选定 NaOH 溶液、NH_4OH+NH_4Cl 溶液和 NH_4OH 溶液这 3 种解吸剂进行后面的条件优化实验。

4.5.3 附钨树脂的解吸条件优化实验

由前述可知，NaOH 溶液对 D301 附钨树脂的钨解吸率最好，但考虑到其解吸液是 Na_2WO_4 而不是 $(NH_4)_2WO_4$，而工业生产上往往需要将 Na_2WO_4 转型成 $(NH_4)_2WO_4$ 才能制得常规商品仲钨酸铵 APT。采用镁盐解吸时可以直接得到 $(NH_4)_2WO_4$ 溶液，可省去转型步骤，从而缩短生产流程。因此，对 NaOH 溶液、NH_4OH+NH_4Cl 溶液和 NH_4OH 溶液这 3 种解吸剂对 D301 附钨树脂的解吸条件优化实验做一详细探究。

4.5.3.1 解吸剂浓度对钨解吸率的影响

在 D301 树脂用量为 1g，解吸剂用量为 50mL，解吸温度为 40℃、振荡速度为 250r/min、解吸时间为 4h 的条件下，探究解吸剂浓度分别为 1mol/L、2mol/L、3mol/L、4mol/L、5mol/L、6mol/L 时，NaOH 溶液、NH_4OH+NH_4Cl 溶液和 NH_4OH 溶液这 3 种解吸剂对 D301 附钨树脂的解吸效果，不同解吸剂浓度对附钨树脂钨解吸率的影响实验结果，如图 4-11 所示。

由图 4-11 可知，不论是 NaOH 溶液解吸剂，还是 NH_4OH+NH_4Cl 溶液和 NH_4OH 溶液解吸剂，这 3 种解吸剂对 D301 附钨树脂的钨解吸率的影响规律均是

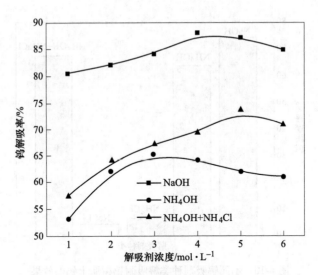

图 4-11   不同解吸剂浓度对附钨树脂钨解吸率的影响

随着解吸剂浓度的增加，钨解吸率是先增加后下降。其中，NaOH 溶液解吸剂在浓度为 4mol/L 时，钨解吸率达到最大值；NH_4OH 溶液解吸剂在解吸剂浓度为 3mol/L 时，钨解吸率达到最大值；NH_4OH+NH_4Cl 溶液解吸剂在浓度为 5mol/L 时，钨解吸率达到最大值。因此，NaOH 溶液、NH_4OH 溶液和 NH_4OH+NH_4Cl 溶液这 3 种解吸剂的浓度宜分别为 4mol/L、3mol/L 和 5mol/L。

4.5.3.2   解吸剂用量对钨解吸率的影响

在 D301 树脂用量为 1g，NaOH 溶液、NH_4OH 溶液和 NH_4OH+NH_4Cl 溶液解吸剂浓度分别为 4mol/L、3mol/L 和 5mol/L，解吸温度为 40℃、振荡速度为 250r/min、解吸时间为 4h 的条件下，探究解吸剂用量分别为 20mL、30mL、40mL、50mL、60mL、70mL 时，NaOH 溶液、NH_4OH+NH_4Cl 溶液和 NH_4OH 溶液这 3 种解吸剂对 D301 附钨树脂的解吸效果，不同解吸剂用量对附钨树脂钨解吸率的影响实验结果，如图 4-12 所示。

由图 4-12 可知，NaOH 溶液、NH_4OH 溶液和 NH_4OH+NH_4Cl 溶液，这 3 种解吸剂对 D301 附钨树脂的钨解吸率的影响规律均是随着解吸剂浓度的增加，钨解吸率呈现下降的趋势。因此，最终选定解吸剂用量为 20mL。

4.5.3.3   解吸温度对钨解吸率的影响

由前述可知，NH_4OH 溶液作为解吸剂效果较 NaOH 溶液和 NH_4OH+NH_4Cl 溶液作为解吸剂的解吸效果差，故以下不再探讨 NH_4OH 溶液作为解吸剂的条件优化实验，但继续考察 NaOH 溶液和 NH_4OH+NH_4Cl 溶液作为解吸剂的条件优化值。在 D301 树脂用量为 1g，解吸剂用量为 20mL，NaOH 溶液和 NH_4OH+NH_4Cl

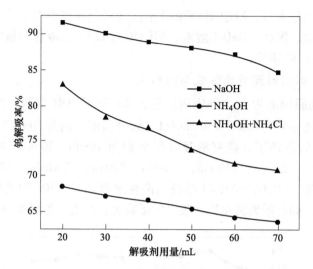

图 4-12 不同解吸剂用量对附钨树脂钨解吸率的影响

溶液解吸剂浓度分别为 4mol/L 和 5mol/L，振荡速度为 250r/min、解吸时间为 4h 的条件下，探究解吸温度分别为 20℃、30℃、40℃、50℃、60℃时，NaOH 溶液、NH_4OH+NH_4Cl 溶液作为解吸剂对 D301 附钨树脂的解吸效果，不同解吸温度对附钨树脂钨解吸率的影响实验结果，如图 4-13 所示。

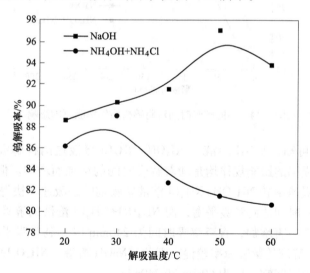

图 4-13 不同解吸温度对附钨树脂钨解吸率的影响

由图 4-13 可知，NaOH 溶液、NH_4OH+NH_4Cl 溶液，这两种解吸剂对 D301 附钨树脂的钨解吸率的影响规律均是随着解吸温度的增加，钨解吸率呈现先增加后下降的趋势。其中，NaOH 溶液解吸剂在解吸温度为 50℃时，D301 附钨树脂的钨解吸率达到最大值；NH_4OH+NH_4Cl 溶液解吸剂在解吸温度为 30℃时，钨解吸率达到最大值。因此，NaOH 溶液、NH_4OH+NH_4Cl 溶液作为解吸剂的解吸温度宜分别为 50℃和 30℃。

4.5.3.4　解吸时间对钨解吸率的影响

在 D301 树脂用量为 1g，解吸剂用量为 20mL，NaOH 溶液、NH_4OH+NH_4Cl 溶液解吸剂浓度分别为 4mol/L 和 5mol/L，解吸温度分别为 50℃和 30℃、振荡速度为 250r/min 的条件下，探究解吸时间分别为 10min、20min、40min、60min、80min、100min、120min、150min、180min、210min、240min、270min、300min 时，NaOH 溶液、NH_4OH+NH_4Cl 溶液这两种解吸剂对 D301 附钨树脂的解吸效果，不同解吸时间对附钨树脂钨解吸率的影响实验结果，如图 4-14 所示。

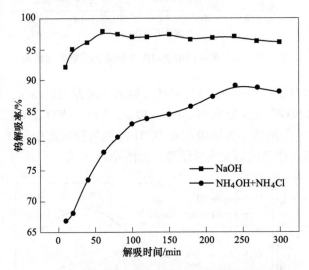

图 4-14　不同解吸时间对附钨树脂钨解吸率的影响

由图 4-14 可知，NaOH 溶液、NH_4OH+NH_4Cl 溶液这两种解吸剂对 D301 附钨树脂的钨解吸率的影响规律均是随着解吸时间的增加而增加。但是，NaOH 溶液解吸剂的解吸速率较 NH_4OH+NH_4Cl 溶液解吸剂的解吸速率快得多。前者在解吸时间为 60min 时即达到解吸平衡，而 NH_4OH+NH_4Cl 溶液的解吸率随解吸时间的延长钨解吸率一直增加，直至解吸时间为 240min 时达到解吸平衡，由此表明 NH_4OH+NH_4Cl 溶液的解吸速率较慢。因此，NaOH 溶液、NH_4OH+NH_4Cl 溶液作为解吸剂的解吸时间宜分别为 60min 和 240min。

4.6　本章小结

本章对离子交换树脂吸附钨同多酸溶液影响规律进行了介绍，得到如下结论：

（1）通过树脂筛选实验，得到吸附钨同多酸溶液的最优阴离子交换树脂种类为大孔型弱碱性阴离子交换树脂 D301，且该树脂的抗力学强度好。

（2）通过 D301 树脂吸附钨同多酸溶液的单因素实验，得到最优条件参数如下：树脂用量为 5 倍理论量、吸附时间为 4h、溶液体系 pH 值为 2~3、吸附温度为 40℃、钨浓度为 50~100g/L。在该实验条件下，D301 树脂对钨同多酸溶液的钨吸附率达到 99.4%以上。

（3）通过解吸剂种类筛选实验得到，条件相同的情况下，钨的解吸率最好的解吸剂种类为 NaOH 溶液，其次是 NH_4OH+NH_4Cl 溶液，再是 NH_4OH 溶液。

（4）通过对 D301 附钨树脂解吸条件的优化实验，得到解吸剂浓度、解吸剂用量、解吸温度和解吸时间对 NaOH 溶液、NH_4OH+NH_4Cl 溶液这两种解吸剂用于 D301 附钨树脂解吸钨的影响规律。

（5）这些研究结果可为稀酸分解白钨矿引入阴离子交换树脂提供参考依据。

5 阴离子交换树脂协同稀酸浸出白钨矿实验

5.1 引言

在矿石的分解过程中加入离子交换树脂,可使目标元素边浸出边吸附。显然,根据化学平衡移动原理,矿石分解产物被离子交换树脂及时吸附,有利于矿石的分解反应不断向右进行。另外,离子交换树脂引入矿石分解过程,具有高效、清洁的冶炼特点。同时,离子交换树脂协同矿石分解的工艺还具有吸附速率快、吸附容量大和吸附介质磨损小等优点。因此,离子交换树脂广泛应用于金矿、铀矿和钒矿等贵金属的提取领域。

考虑到盐酸在浸出白钨矿的过程中,钨生成钨酸沉淀时会产生包裹问题而阻碍浸出反应。而生成钨同多酸盐(可溶性物质)的方法虽然解决了钨酸包裹的问题,但是该方法的反应速率低,且只适用于人造白钨矿。同时,其整个反应过程中需要连续地补入酸液,操作起来极其不便。

为此,本书借鉴已有矿石分解引入离子交换树脂的成功经验,将阴离子交换树脂引入到稀盐酸浸出白钨矿的过程中,利用树脂对钨同多酸阴离子的吸附特性,来促进白钨矿的酸浸出反应。结合白钨矿分解的实质是实现 W 与 Ca 分离的过程,提出添加阴离子交换树脂对目标金属 W(分解产物钨同多酸离子)进行吸附。根据化学平衡移动原理,该方案有可能促进白钨矿浸出反应。

本章以稀盐酸为分解试剂,全面系统地考察稀盐酸浸出白钨矿过程中添加阴离子交换树脂后,对白钨矿的浸出效果的影响。

5.2 阴离子交换树脂协同稀酸浸出白钨矿反应原理

如图 5-1 所示的阴离子交换树脂协同稀盐酸浸出白钨矿的反应可以看出,阴离子交换树脂协同稀盐酸浸出白钨矿的反应原理可以解释为:白钨矿中的钨在稀盐酸中以钨同多酸离子形式被浸出:

$$mCaWO_4 + nH^+ \longrightarrow H_zW_mO_{4m-0.5(n-z)}^{(2m-n)-} + 0.5(n-z)H_2O + mCa^{2+} \quad (5-1)$$

体系中添加的阴离子交换树脂可吸附白钨矿浸出生成的钨同多酸离子,从而促进了白钨矿的浸出反应:

$$(2m - n)\overline{\mathrm{RHCl}} + \mathrm{H}_z\mathrm{W}_m\mathrm{O}_{4m-0.5(n-z)}^{(2m-n)-} \longrightarrow \overline{[\mathrm{RH}]_{(2m-n)}[\mathrm{H}_z\mathrm{W}_m\mathrm{O}_{4m-0.5(n-z)}]} + 2(m - n)\mathrm{Cl}^-$$

$$(5\text{-}2)$$

其中，$\overline{\mathrm{RHCl}}$代表阴离子交换树脂；$\mathrm{H}_z\mathrm{W}_m\mathrm{O}_{4m-0.5(n-z)}^{(2m-n)-}$代表钨同多酸阴离子（$0 < n/m < 2$）。

当 $n/m = 7/6$ 时，$\mathrm{H}_z\mathrm{W}_m\mathrm{O}_{4m-0.5(n-z)}^{(2m-n)-}$为仲钨酸根离子 $\mathrm{HW}_6\mathrm{O}_{21}^{5-}$；

当 $n/m = 3/2$ 时，$\mathrm{H}_z\mathrm{W}_m\mathrm{O}_{4m-0.5(n-z)}^{(2m-n)-}$为偏钨酸根离子 $\mathrm{H}_2\mathrm{W}_{12}\mathrm{O}_{40}^{6-}$；

当 $n/m = 2/1$ 时，$\mathrm{H}_z\mathrm{W}_m\mathrm{O}_{4m-0.5(n-z)}^{(2m-n)-}$为钨酸沉淀 $\mathrm{H}_2\mathrm{WO}_4$。

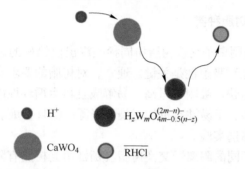

图 5-1　阴离子交换树脂协同稀酸浸出白钨矿的反应

本节以阴离子交换树脂为吸附剂，对阴离子交换树脂协同稀酸浸出白钨矿的影响效果进行研究，其工艺流程如图 5-2 所示。

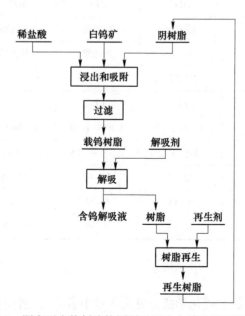

图 5-2　阴离子交换树脂协同稀酸浸出白钨矿的原则流程

由图 5-2 可知，阴离子交换树脂协同稀酸浸出白钨矿时，首先，白钨矿发生酸浸出反应（式（5-1）），钨以钨同多酸离子 $H_z W_m O_{4m-0.5(n-z)}^{(2m-n)-}$ 形态产出。同时，发生阴离子交换树脂对钨同多酸离子的吸附反应（式（5-2））。其次，白钨矿酸浸出反应结束后，采用过滤的方式，分离出载钨树脂。然后，用适当的解吸剂，将钨从载钨树脂上解吸下来，得到含钨的解吸液。最后，采用恰当的方法将离子交换树脂进行再生，再生好的树脂返回白钨矿浸出作业使用。

5.3　阴离子交换树脂筛选实验

5.3.1　阴离子交换树脂种类

在图 5-2 所示的阴离子交换树脂协同稀酸浸出白钨矿的过程中，树脂对目标金属（W）的选择性和吸附性是关键。通常，对树脂的要求有如下特点：对目标金属（W）吸附速率快、吸附容量高、易解吸且再生循环性能好、良好的力学性能与化学性能、耐磨、不易被有机物污染和来源广泛且价廉。因此，有必要先对离子交换树脂进行筛选实验。

本节介绍 4 种不同的阴离子交换树脂（浙江争光树脂有限公司）对白钨矿的浸出效果，分别是强碱性阴离子交换树脂 201×7，弱碱性阴离子交换树脂 D314、D301 和 310，其物理性能参数见表 5-1。

表 5-1　使用的阴离子交换树脂的性能参数

主要性能	201×7	310	D301	D314
结构	凝胶型	凝胶型	大孔型	大孔型
骨架	苯乙烯	丙烯酸	苯乙烯	丙烯酸
官能团	$-N(CH_3)_3^+$	$-N(CH_3)_2$	$-N(CH_3)_2$	$-N(CH_3)_2$
离子形式	Cl^-	Cl^-	Cl^-	Cl^-
湿视密度/g·mL^{-1}	1.07~1.10	1.070~1.10	1.03~1.06	1.060~1.10
粒径/mm	0.315~1.250	0.315~1.25	0.315~1.25	0.315~1.25
含水量/%	42~48	55~63	48~58	60~65
pH 值适用范围	1~14	0~10	1~9	0~10
耐热温度/℃	0~80	0~90	0~100	0~90

5.3.2　白钨矿原料

实验所用白钨矿的主要化学成分见第 3 章中表 3-1。所用白钨矿的 XRD 图谱结果（图 5-3 和图 5-4）表明人造白钨矿中仅含 $CaWO_4$ 一种物相，而天然白钨矿

中除了 $CaWO_4$ 外，还伴生有萤石（CaF_2）和锡石（SnO_2）。另外，白钨矿粒径
分析结果（图 5-5）表明白钨矿的粒径分布范围在 $0.4 \sim 120 \mu m$。

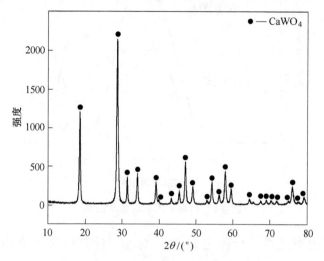

图 5-3　人造白钨矿的 XRD 图谱

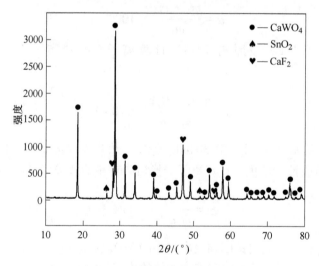

图 5-4　天然白钨矿的 XRD 图谱

5.3.3　实验步骤

称取上述 5g 人造白钨矿于 1000mL 的三口圆底烧瓶中，加入 300mL 稀盐酸
溶液（pH 值为 1.03）和 15g 阴离子交换树脂，于恒温水浴锅内 60℃保温反应一
段时间后，过滤，得到浸出液，用筛子进一步分离载钨树脂和浸出渣，并分别用
去离子水洗净。

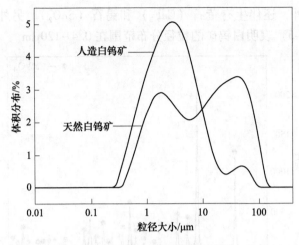

图 5-5 白钨矿的粒径分析结果

其中，浸出渣送烘干后测定其 WO_3 含量，计算白钨矿的钨浸出率（α）如下：

$$\alpha = \frac{m_1 - m_2}{m_1} \times 100\% \tag{5-3}$$

浸出液采用 ICP，按照式（5-4）计算离子交换树脂对钨的吸附率（β）如下：

$$\beta = \frac{m_1\alpha - C_1V_1}{m_1 \cdot \alpha} \times 100\% \tag{5-4}$$

载钨树脂用水洗净后，用 300mL 氨水（浓度为 4mol/L）于 40℃下解吸 80min，测定解吸液的浓度，计算离子交换树脂对钨的解吸率（γ）如下：

$$\gamma = \frac{C_2V_2}{m_1\alpha\beta} \times 100\% \tag{5-5}$$

式中　m_1，m_2——人造白钨矿和浸出渣中的 WO_3 含量，g；

　　　　C_1，C_2——浸出液和解吸液中的钨浓度（WO_3），g/L；

　　　　V_1，V_2——浸出液和解吸液的体积，L。

5.3.4 结果与讨论

称取上述人造白钨矿 5g，在浸出反应温度为 65℃，液固比为 60∶1，盐酸浓度为 pH 值 1.03，树脂用量为 15g，浸出时间为 140min 的条件下，添加 4 种不同的离子交换树脂 201×7、D314、D301 和 310，不同种类离子交换树脂对人造白钨矿的浸出效果见表 5-2。

表 5-2 不同种类离子交换树脂对人造白钨矿的浸出效果

树脂	$\alpha/\%$	$\beta/\%$	$C_1/\text{mg} \cdot \text{L}^{-1}$	$C_2/\text{g} \cdot \text{L}^{-1}$	$\gamma/\%$
310	97.48	99.97	3.90	12.36	96.32
201×7	84.14	61.22	205.15	3.86	56.21
D301	96.14	99.51	62.81	11.83	92.74
D314	96.69	99.94	7.73	12.05	93.58

不同阴离子交换树脂对人造白钨矿酸浸钨浸出率的影响，如图 5-6 所示。不同阴离子交换树脂对人造白钨矿酸浸钨吸附率的影响，如图 5-7 所示。

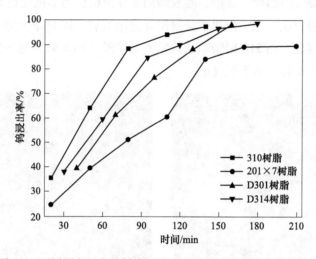

图 5-6 不同阴离子交换树脂对人造白钨矿酸浸钨浸出率的影响

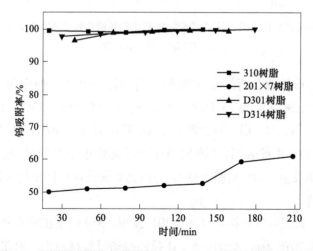

图 5-7 不同阴离子交换树脂对人造白钨矿酸浸钨吸附率的影响

结合表5-2和图5-6结果可以看出，弱碱性阴离子交换树脂（D314、D301和310）较强碱性阴离子交换树脂（201×7）对人造白钨矿的钨浸出效果好。推测原因可能是钨同多酸阴离子为大分子结构，而弱碱性阴离子交换树脂较强碱性阴离子交换树脂对大分子的吸附能力好。所以，添加弱碱性阴离子交换树脂协同稀酸浸出白钨矿的效果好。

同时，表5-2结果中，310树脂用氨水解吸钨后，钨解吸率达到96.32%，说明310树脂具有易解吸的特点。

此外，在弱碱性阴离子交换树脂中，D314树脂和D301树脂为大孔型结构，而310树脂为凝胶型结构。显然，凝胶型的310树脂抗力学强度更好。

在实验过程中也发现，白钨矿酸浸出反应结束后，D314树脂和D301树脂均有树脂破损的现象，而310树脂却保持完整的球形（图5-8），这一实验现象证实了310树脂具有良好的耐磨损性能。

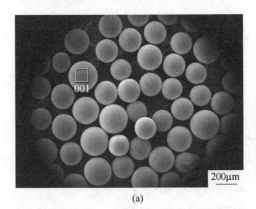
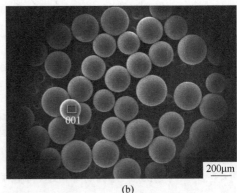

(a)　　　　　　　　　　　　　　　　　(b)

图5-8　离子交换树脂310在阴离子交换树脂协同稀酸中使用前与使用后的SEM图
(a) 使用前；(b) 使用后

一方面，EDS能谱分析结果（图5-9）表明，310树脂使用前元素为C、N、O、Cl，其所占比例分别为28.06%、2.06%、2.76%和67.13%；而310树脂使用后元素为C、N、O、Cl、W，其所占比例分别为9.07%、0.75%、3.60%、4.13%和82.45%。由此表明，310树脂在协同酸浸出白钨矿反应使用后，确实发生了对钨的吸附反应，310树脂上的Cl与白钨矿酸浸反应产出的钨同多酸阴离子发生了交换反应。

另一方面，傅里叶红外结果（图5-10）发现，310树脂在稀酸分解白钨矿过程中使用后，其在3076.8cm^{-1}处的—N—H拉伸振动吸收峰消失，而在1386.5cm^{-1}处的—C—N拉伸振动吸收峰强度显著增强，说明310树脂的确有发生钨的吸附。同

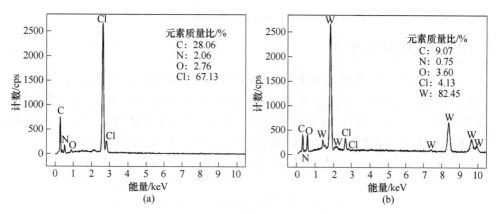

图 5-9 离子交换树脂 310 在阴离子交换树脂协同稀酸中使用前与使用后的 EDS 图
(a) 使用前；(b) 使用后

时，在 1048.9cm^{-1}、871.6cm^{-1} 和 776.3cm^{-1} 处分别出现了新的峰，进一步证实了 310 树脂表面的官能团有发生钨的吸附，这与 310 树脂的 EDS 分析结果（图 5-9）相符（使用后的 310 树脂表面有发现 W 元素，含量占比为 82.45%）。

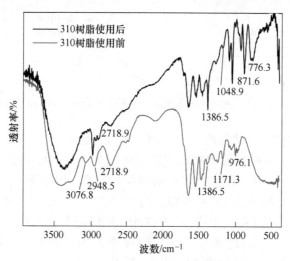

图 5-10 离子交换树脂 310 在协同稀酸浸出白钨矿中使用前与使用后的 FTIR 图

综上所述，得到宜选定凝胶型弱碱性阴离子交换树脂 310 作为阴离子交换树脂协同稀酸浸出白钨矿的吸附剂。

5.4 阴树脂协同稀酸浸出人造白钨矿影响因素

为了探究白钨矿酸浸过程中阴离子交换树脂的影响效果，以人造白钨矿为原料，采用上述筛选的最优树脂310树脂进行单因素实验。

5.4.1 反应液固比的影响

以310树脂为吸附剂，开展阴离子交换树脂协同稀酸浸出人造白钨矿的影响因素研究。首先考察了不同液固比对人造白钨矿的浸出影响。其中，液固比是指盐酸体积（mL）与人造白钨矿质量（g）的比值。在分解温度为45℃，盐酸浓度pH值为1.33，树脂用量为15g和反应时间为140min的条件下，研究了不同液固比（20∶1~120∶1）对人造白钨矿浸出的影响，结果如图5-11所示。

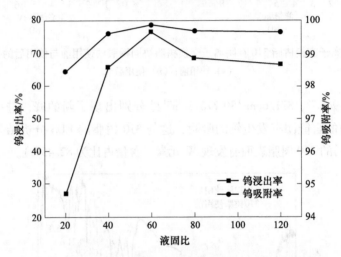

图5-11   反应液固比对阴树脂协同稀酸浸出人造白钨矿的影响

图5-11结果表明，盐酸浓度一定时，人造白钨矿的钨浸出率随着液固比的增大而增加，但310树脂的钨吸附率随盐酸浓度变化的影响较小。当液固比从20∶1增加到60∶1时，人造白钨矿的钨浸出率和310树脂的钨吸附率分别从27.12%增加到65.7%和从98.43%增加到99.6%。当继续增加液固比时，人造白钨矿的钨浸出率出现小幅度下降，310树脂的钨吸附率也出现下降。这是因为随着液固比的增大，盐酸的用量增多，溶液中的H^+增加，导致反应容易生成H_2WO_4沉淀而不利于人造白钨矿的浸出。因此，宜选择60∶1作为最佳液固比。

5.4.2 反应温度的影响

在液固比为60∶1，盐酸浓度pH值为1.33，树脂用量为15g和反应时间为140min的条件下，研究了不同浸出温度（15~85℃）对人造白钨矿浸出的影响，结果如图5-12所示。

图5-12结果表明，随着浸出温度的升高，人造白钨矿的钨浸出率和310树脂的钨吸附率均有提高。当浸出温度从25℃增加到65℃时，人造白钨矿的钨浸出

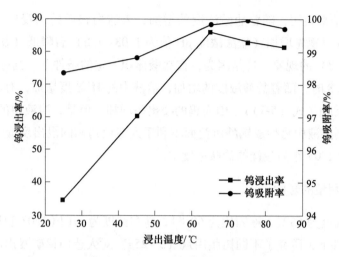

图 5-12 浸出温度对阴树脂协同稀酸浸出人造白钨矿的影响

率和 310 树脂的钨吸附率分别从 36.77% 增加到 86.08% 和从 98.36% 增加到 99.84%。继续增加浸出温度，钨浸出率和钨吸附率均出现下降。推测原因可能是浸出温度的升高会加速溶液中的 H_2WO_4 沉淀生成而不利于人造白钨矿的浸出反应。同时，310 树脂在高温下会不稳定。因此，宜选择 65℃ 作为最佳浸出温度。

5.4.3 盐酸浓度的影响

在浸出温度为 65℃，液固比为 60:1，树脂用量为 15g 和反应时间为 140min 的条件下，研究了不同盐酸浓度（pH 值在 0.8~1.8 之间）对人造白钨矿浸出的影响，结果如图 5-13 所示。其中，盐酸浓度以盐酸溶液的 pH 值来表示。

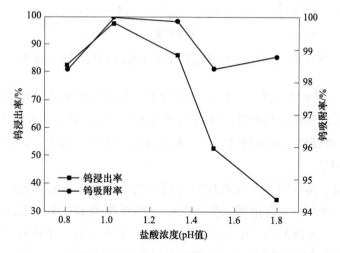

图 5-13 盐酸浓度对阴树脂协同稀酸浸出人造白钨矿的影响

图 5-13 结果表明，随着盐酸浓度的增加，人造白钨矿的钨浸出率和 310 树脂的钨吸附率出现先增加（盐酸浓度 pH 值为 1.03~1.8）后降低（盐酸浓度 pH 值为 0.8~1.03）的现象。这是因为，在盐酸体积一定的条件下，当盐酸浓度 pH 值为 1.03~1.8 时，随着盐酸浓度的增加，溶液中的 H^+ 浓度增加，有利于人造白钨矿的浸出反应（式（5-1）），因而钨的浸出率增加。但是，溶液中的 H^+ 浓度不宜太高，否则溶液中易生成钨酸沉淀而不利于人造白钨矿的浸出反应。因此，宜选择 pH 值为 1.03 作为最佳的盐酸浓度值。

5.4.4　树脂用量的影响

在浸出温度为 65℃，液固比为 60∶1，盐酸浓度为 pH 值 1.03 和反应时间为 140min 的条件下，研究了不同树脂用量（5~25g）对人造白钨矿浸出的影响，结果如图 5-14 所示。

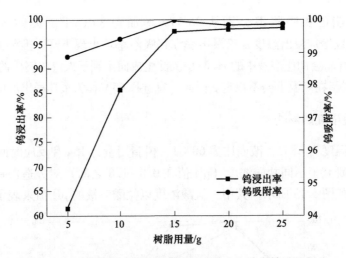

图 5-14　树脂用量对阴树脂协同稀酸浸出人造白钨矿的影响

图 5-14 结果表明，随着树脂用量的增加，人造白钨矿的钨浸出率和 310 树脂的钨吸附率均增加。当树脂用量从 5g 增加到 15g 时，钨浸出率从 61.34% 增加到 97.48%。继续增加树脂用量，钨分解率变化不明显。因此，宜选择 15g 作为最佳的树脂用量。

综上所述，得到阴离子交换树脂协同稀酸浸出人造白钨矿的最优工艺条件为：液固比为 60∶1，浸出温度为 65℃，盐酸浓度为 pH 值 1.03，树脂用量为 15g 和反应时间为 140min。在该条件下，人造白钨矿（5g）的钨浸出率和 310 树脂的钨吸附率分别为 97.48% 和 99.97%。

5.5 阴树脂协同稀酸浸出人造白钨矿动力学

5.5.1 浸出反应动力学曲线

为了更好地了解阴离子交换树脂协同稀酸浸出人造白钨矿的过程，有必要对人造白钨矿的浸出动力学进行研究。称取人造白钨矿 5g 和 310 树脂 15g，加入浓度 pH 值为 1.03 的盐酸 300mL，于水浴锅中一定温度下保温反应一段时间，结果如图 5-15 所示。

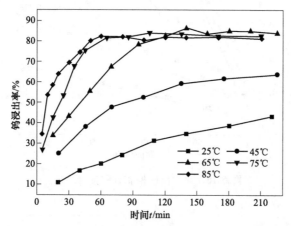

图 5-15　浸出温度和时间对阴树脂协同酸浸人造白钨矿的影响

由图 5-15 结果可以看出，在阴离子交换树脂协同稀酸浸出人造白钨矿的过程中，浸出温度对钨分解率的影响较为显著。随着浸出温度的升高，人造白钨矿的钨浸出率增加。相同浸出时间条件下，当浸出温度由 25℃ 增加到 65℃ 时，白钨矿的钨浸出率显著增加，继续提高浸出温度时，钨浸出率增加不明显。

5.5.2 浸出反应动力学模型

动力学方程中，常用动力学模型有化学反应控制方程：

$$1 - (1 - \alpha)^{1/3} = kt \tag{5-6}$$

内扩散控制方程：

$$1 - 2\alpha/3 - (1 - \alpha)^{2/3} = kt \tag{5-7}$$

和阿弗拉密方程：

$$-\ln(1 - \alpha) = (kt)^n \tag{5-8}$$

式中　k——反应速率常数；

　　　t——时间；

　　　n——阿弗拉密指数。

式（5-8）也可以写成：

$$\ln[-\ln(1-\alpha)] = n\ln k + n\ln t \tag{5-9}$$

对图 5-15 中的实验数据分别用上述 3 种动力学方程（式（5-6）、式（5-7）和式（5-9））进行拟合，结果分别如图 5-16~图 5-18 所示。

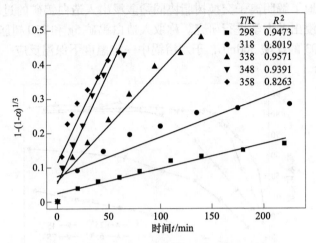

图 5-16　化学反应控制方程拟合结果

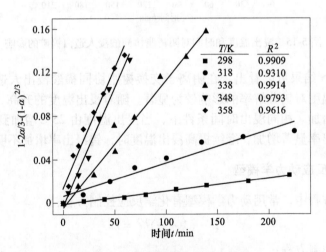

图 5-17　内扩散控制方程拟合结果

由图 5-16~图 5-18 的结果可以看出，在化学反应控制方程（图 5-16）、内扩散控制方程（图 5-17）和阿弗拉密方程（图 5-18）这 3 种动力学模型中，属阿弗拉密方程的拟合结果最好，其线性相关系数均在 0.9740 以上。由此得出，人造白钨矿的浸出反应模型符合阿弗拉密方程。同时，求得其阿弗拉密指数 n 和反应速率常数 k 值，结果列于表 5-3 中。

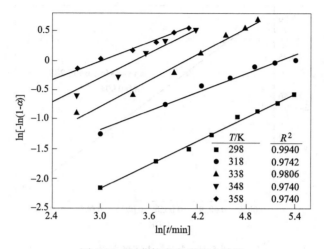

图 5-18　阿弗拉密方程拟合结果

表 5-3　阿弗拉密方程中的 n 值和 lnk 值（由图 5-18 数据计算而得）

温度/K	n	$\ln k$
298	0.66	-6.25
318	0.53	-5.22
338	0.73	-4.06
348	0.68	-3.43
358	0.53	-3.02

5.5.3　浸出反应表观活化能

反应表观活化能 E 与温度 T 的关系可以表示为：

$$k = A_0 e^{(-E/RT)} \tag{5-10}$$

式中　A_0——指前因子；

　　　E——表观活化能；

　　　R——气体速率常数；

　　　T——温度。

用表 5-3 中数据对反应速率常数 k 与温度 T 的关系作图，结果示于图 5-19 中。

由图 5-19 中直线的斜率求得表观活化能 E 值为 48.605kJ/mol（>40kJ/mol）。因此，阴离子交换树脂协同稀酸浸出人造白钨矿的反应过程受化学反应控制。

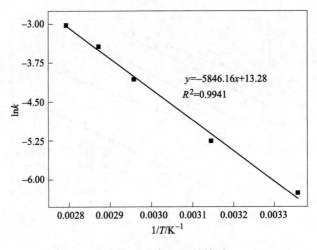

图 5-19　$\ln k$ 与 $1/T$ 的关系

5.5.4　浸出反应动力学方程

由图 5-19 直线的截距计算，得到指前因子 A_0 值为 $5.895×10^5$，结合表 5-3 中的 n 值取平均为 0.62，得到阴离子交换树脂协同稀酸浸出人造白钨矿的动力学方程如下：

$$-\ln(1-\alpha) = \left(5.895 \times 10^5 \cdot e^{(-48605/8.314T)} t\right)^{0.62} \tag{5-11}$$

5.6　阴树脂协同稀酸浸出天然白钨矿

上述对阴离子交换树脂协同稀酸浸出人造白钨矿的影响因素和动力学进行了系统的研究，并取得了不错的浸出效果。本节以天然白钨矿为研究对象，对阴离子交换树脂协同稀酸浸出天然白钨矿效果进行考察。以 5g 天然白钨矿为原料，添加 20g 阴树脂 310，研究不同盐酸浓度和液固比对天然白钨矿的浸出效果，结果见表 5-4。

表 5-4　不同条件下阴离子交换树脂协同稀酸浸出天然白钨矿的浸出效果

序号	浸出条件				钨浸出率/%
	温度/℃	盐酸浓度	液固比	时间/h	
1	65	pH 值 0.8	60 : 1	4	68.15
2	65	pH 值 1.03	60 : 1	4	50.83
3	65	pH 值 1.33	60 : 1	4	39.67
4	65	pH 值 0.8	80 : 1	4	73.98
5	65	pH 值 0.8	100 : 1	4	85.64
6	65	pH 值 0.8	120 : 1	4	87.12

由表 5-4 结果可知，盐酸浓度对天然白钨矿的浸出效果有显著影响。在相同的液固比条件下，随着盐酸浓度的增加，天然白钨矿中的钨浸出率增加。比如，在液固比为 60∶1 的条件下，当盐酸浓度从 pH 值 1.33 增加到 pH 值 0.8 时，钨浸出率从 39.67% 增加到 68.15%。

比较阴离子交换树脂协同稀酸浸出天然白钨矿与人造白钨矿的浸出效果可知，相同条件下，天然白钨矿浸出效果较人造白钨矿浸出的效果差。比如，在液固比为 60∶1，浸出温度为 65℃，盐酸浓度 pH 值为 1.03，树脂用量为 20g 的条件下，天然白钨矿反应 4h 的钨浸出率仅为 50.83%，而人造白钨矿反应 140min 的钨浸出率达 97.89%。推测可能是由于天然白钨矿中伴生的杂质元素所导致。如第 3 章中表 3-1 所示，天然白钨矿中存在大量的杂质元素 F 和 Sn 等。

一方面，也可能是因为天然白钨矿中 $CaWO_4$ 的结晶度高，晶体更稳定所导致。从白钨矿的 XRD 图谱可以看出，天然白钨矿中 $CaWO_4$ 的最强衍射峰在 3300 处（图 5-4），而人造白钨矿中 $CaWO_4$ 的最强衍射峰在 2200 处（图 5-3），表明天然白钨矿中 $CaWO_4$ 的结晶度高，晶体更稳定，因而其较人造白钨矿更难浸出。另一方面，粒度因素也可能是造成天然白钨矿浸出效果差的原因，图 5-5 中，天然白钨矿的粒度较人造白钨矿的粒度大。

5.7　载钨阴离子交换树脂的解吸

5.7.1　解吸剂的选择

在阴离子交换树脂协同稀酸分解白钨矿中，载钨树脂（吸附了大量含钨阴离子的 310 树脂）的解吸对整个工艺的效果起着关键的作用。一般要求钨解吸率能达到 98% 以上。对此，在解吸剂浓度为 4mol/L，解吸剂用量为 300mL，解吸温度为 40℃ 和解吸时间为 2h 的条件下，研究了氢氧化钠、碳酸钠和氨水 3 种不同解吸剂对 310 树脂（15g）解吸钨的效果，结果见表 5-5。

表 5-5　不同解吸剂对钨的解吸效果

解吸剂	$C_2/\text{g} \cdot \text{L}^{-1}$	$\gamma/\%$
NaOH	11.24	91.96
Na_2CO_3	6.485	53.25
$NH_3 \cdot H_2O$	11.99	98.47

由表 5-5 可知，相同条件下，氢氧化钠、碳酸钠和氨水对 310 树脂的钨解吸率分别为 91.96%、53.25% 和 98.47%。因此，宜选择氨水作为 310 树脂的解吸剂。

5.7.2　解吸温度的影响

在氨水为解吸剂的条件下，首先考察了不同解吸温度对 310 载钨树脂（15g）中钨的解吸效果。在氨水浓度为 6mol/L，氨水用量为 300mL，解吸时间为 100min 的条件下，研究了不同解吸温度（15~65℃）对 310 树脂中钨解吸效果的影响，结果如图 5-20 所示。

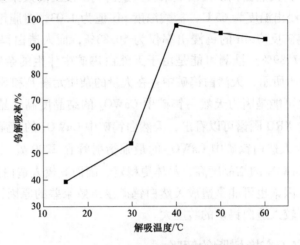

图 5-20　解吸温度对钨解吸率的影响

图 5-20 结果表明，解吸温度对 310 树脂的钨解吸率影响较显著。当解吸温度低于 40℃时，钨解吸率随着温度的升高而急剧增加。而在解吸温度超过 40℃时，钨解吸率出现小幅度下降。原因可能是氨水在高温下不稳定。因此，宜选择 40℃作为最佳解吸温度，此时 310 树脂的钨解吸率为 98.26%。

5.7.3　氨水浓度的影响

在解吸温度为 40℃，氨水用量为 300mL，解吸时间为 100min 的条件下，研究了不同氨水浓度（1~8mol/L）对 310 树脂中钨解吸效果的影响，结果如图 5-21 所示。

图 5-21 结果表明，氨水浓度对 310 树脂的钨解吸率有显著影响。当氨水浓度由 1mol/L 增加到 4mol/L 时，钨解吸率从 23.45% 增加到 98.46%。继续增加氨水浓度，钨解吸率保持平衡。因此，宜选择浓度为 4mol/L 作为最佳氨水浓度。

5.7.4　解吸时间的影响

在解吸温度为 40℃，氨水浓度为 4mol/L，氨水用量为 300mL 的条件下，研究了不同解吸时间（10~140min）对 310 树脂中钨解吸效果的影响，结果如图 5-22 所示。

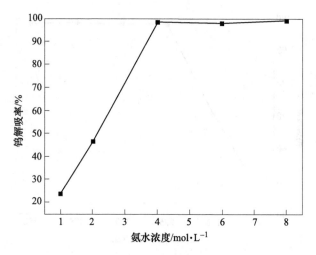

图 5-21　氨水浓度对钨解吸率的影响

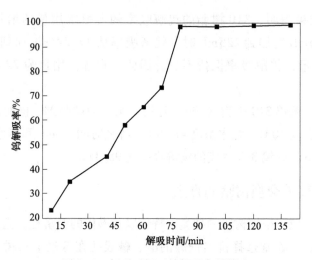

图 5-22　解吸时间对钨解吸率的影响

图 5-22 结果表明，310 树脂钨解吸率随着解吸时间的延长而增加。当解吸时间由 10min 增加到 80min 时，钨解吸率从 23.09% 增加到 98.43%。继续延长解吸时间，钨解吸率几乎保持不变。因此，宜选择 80min 作为最佳解吸时间。

5.7.5　氨水用量的影响

在解吸温度为 40℃，氨水浓度为 4mol/L，解吸时间为 80min 的条件下，不同氨水用量（75～450mL）对 310 树脂中钨解吸效果的影响，结果如图 5-23 所示。其中，氨水用量以氨水体积（mL）来表示。

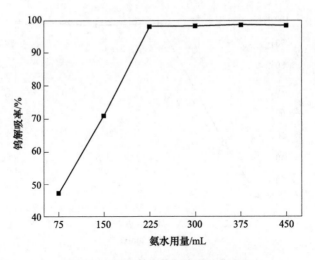

图 5-23　氨水用量对钨解吸率的影响

图 5-23 结果表明，310 树脂的钨解吸率随着氨水用量的增加而增加。当氨水用量由 75mL 增加到 225mL 时，钨解吸率从 47.24% 增加到 98.37%。继续增加氨水用量，钨解吸率保持不变。因此，宜选择用量为 225mL 作为最佳氨水用量。

综上得到，载钨 310 树脂（15g）宜用氨水作为解吸剂，同时其解吸的最优条件为：解吸温度 40℃，氨水浓度 4mol/L，解吸时间 80min 和氨水用量 225mL。在该解吸条件下，载钨 310 树脂的钨解吸率达 98.37%。

5.8　贫钨阴离子交换树脂的再生

树脂的再生应当根据树脂的种类、特性以及操作的经济性，选择适当的再生试剂和工艺条件。通常选择价格低廉的酸、碱或盐在低温下对树脂进行再生处理。本书选择盐酸溶液（5%）作为 310 树脂的再生剂。

树脂的再生操作在交换柱（图 3-2）内进行。首先将洗净的贫钨 310 树脂（钨已解吸）装于有机玻璃管中（内径 2.6cm，外径 3cm，高度 45cm），打开止水夹，用去离子水从上往下冲洗树脂，待出水为中性时，关闭止水夹，加入 5% 的 HCl（盐酸加入量以没过树脂 2cm 为准）浸泡 2h 后，打开止水夹，放去酸液，并用去离子水冲洗树脂，待出水为中性时，完成再生。

再生后的树脂可返回下一次白钨矿浸出使用。为了验证 310 树脂再生后对钨的吸附效果，按照上述再生方法将再生好的 310 树脂（15g）用于人造白钨矿（5g）的浸出实验中，反应 4h 的实验结果见表 5-6。

表 5-6 再生树脂对人造白钨矿的浸出效果

序号	浸出条件				钨浸出率/%
	温度/℃	盐酸浓度	液固比	循环次数/次	
1	65	pH值1.03	60:1	0	97.48
2	65	pH值1.03	60:1	1	97.44
3	65	pH值1.03	60:1	2	97.41
4	65	pH值1.03	60:1	3	97.42

由表 5-6 可以看出，再生的 310 树脂与新的 310 树脂对白钨矿的浸出效果相差不明显。新的 310 树脂（循环 0 次）与再生的 310 树脂（循环 1 次）对钨的浸出效果一样有促进作用，其钨浸出率分别为 97.48% 和 97.44%。说明树脂再生后一样具有对钨的高效吸附性。表 5-6 还可以看出，310 树脂在循环 2 次或者 3 次后仍然具有良好的吸附性能，这表明 310 树脂的再生循环性能好。

5.9 本章小结

本章基于稀盐酸浸出白钨矿时钨以阴离子形式产出，提出在白钨矿酸浸出过程中添加阴离子交换树脂，通过阴离子交换树脂对钨同多酸根的吸附，促进白钨矿浸出，即阴离子交换树脂协同稀酸浸出白钨矿，对该方法浸出白钨矿的过程进行了系统的研究，主要研究结果如下：

（1）介绍了不同阴离子交换树脂协同稀酸浸出白钨矿的效果，结果表明，弱碱性阴离子交换树脂较强碱性阴离子交换树脂对白钨矿的钨浸出效果好。同时，凝胶型树脂较大孔型树脂的抗机械强度高。由此，选定凝胶型的弱碱性阴离子交换树脂 310 作为阴离子交换树脂协同稀酸浸出白钨矿的吸附剂。

（2）对阴离子交换树脂协同稀酸浸出人造白钨矿的动力学进行了研究，结果表明浸出反应动力学模型符合阿弗拉密方程，表观活化能为 48.605kJ/mol，白钨矿稀酸浸出的过程受化学反应控制。

（3）对阴离子交换树脂协同稀酸浸出白钨矿的影响因素进行了研究，结果表明：白钨矿的钨浸出率随着浸出温度、盐酸浓度、树脂用量的增加而增加。在浸出温度为 65℃，盐酸浓度 pH 值为 1.03，树脂用量为 20g，液固比为 60:1 和反应时间为 140min 的条件下，人造白钨矿和天然白钨矿的钨浸出率分别为 97.48% 和 50.83%。

（4）对阴离子交换树脂协同稀酸浸出白钨矿的载钨树脂解吸进行了研究，结果表明氨水为最优解吸剂，在合适条件下，可实现 98% 以上的钨解吸率。

（5）对阴离子交换树脂协同稀酸浸出白钨矿的贫钨树脂再生进行了研究，结果表明树脂经过再生后，仍然对钨阴离子具有较好的吸附性，可以循环使用。

6 阳离子交换树脂协同稀酸浸出白钨矿实验

6.1 引言

白钨矿的浸出实质是实现钨 W 与钙 Ca 的分离。本书借鉴矿石分解过程中引入离子交换树脂的成功经验,利用离子交换树脂的吸附特性,将阳离子交换树脂引入到盐酸浸出白钨矿的过程中,利用树脂对钙阳离子的吸附特性,以此来促进白钨矿的酸浸出反应。

由此,提出添加阳离子交换树脂对目标元素钙离子进行吸附。根据化学平衡移动原理,该方案有可能促进白钨矿的浸出反应。本章以稀盐酸为浸出试剂,考察盐酸浸出白钨矿过程中添加阳离子交换树脂后白钨矿的浸出效果。

6.2 阳离子交换树脂添加与否对白钨矿酸浸的影响

6.2.1 实验原料与方法

6.2.1.1 实验原料

本章所用实验原料为人造白钨矿和天然白钨矿以及 732 阳离子交换树脂。其中人造白钨矿参照文献里的方法于实验室内自行合成,天然白钨矿由崇义章源钨业股份有限公司提供,其化学成分见表 6-1。

表 6-1 白钨矿的化学成分 (质量分数)　　　　　　　　(%)

项目	$w(WO_3)$	$w(Ca)$	$w(H_2O)$	$w(Fe)$	$w(Mn)$	$w(F)$	$w(Sn)$	$w(P)$
天然白钨矿	59.14	21.26	10.13	0.37	0.12	4.83	1.23	0.09
人造白钨矿	79.85	13.89	2.39					

白钨矿的物相分析结果 (图 6-1) 表明,人造白钨矿的物相仅有 $CaWO_4$,而天然白钨矿的物相除 $CaWO_4$ 外,还含有 SnO_2 和 CaF_2。白钨矿的粒径分析结果 (图 6-2) 表明,人造白钨矿的粒径范围为 $0.417 \sim 15.136 \mu m$,而天然白钨矿的粒径范围为 $0.631 \sim 104.713 \mu m$。

732 阳离子交换树脂的物理性能参数见表 6-2。由表 6-2 可知,732 阳离子交换树脂的出厂型式为 Na^+ 型,在投入使用到白钨矿的酸浸出前,需要将其转成 H^+ 型。因此,采用树脂预处理的方法对 732 树脂进行转型预处理,经 5% 的 NaOH

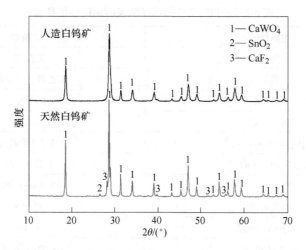

图 6-1 白钨矿的 XRD 图谱

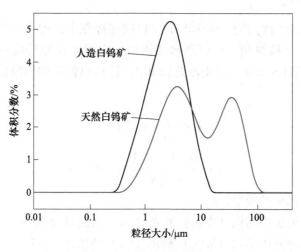

图 6-2 白钨矿的粒径分布

溶液和 5% 的盐酸溶液进行浸泡处理后转成氢型（式（6-1））。用去离子水洗净，洗至洗水 pH 值为 5~6 后，置于鼓风干燥恒温箱中 50℃进行烘干，装袋，留用：

$$(6-1)$$

表 6-2　使用的 732 阳离子交换树脂的性能参数

主要性能	732 树脂
类型	凝胶型
骨架	苯乙烯-二乙烯苯
官能团	—SO_3^-
离子形式	Na^+
交换容量/mmol · g^{-1}	≥4.2（干树脂）
湿视密度/g · mL^{-1}	1.23～1.28
粒径/mm	0.310～1.20
含水量/%	45～55
pH 值适用范围	1～14
耐热温度/℃	0～100（氢型）

6.2.1.2　实验方法

称取上述人造白钨矿于 1000mL 的三口圆底烧瓶中，加入一定量的稀盐酸溶液和 732 阳离子交换树脂，于恒温水浴锅内一定温度保温反应一段时间后，过滤，得到白钨矿的浸出液，浸出液送测 ICP，计算白钨矿的钨浸出率 χ 和钙吸附率 η：

$$\chi = \frac{C_1 V}{m w_1} \times 100\% \tag{6-2}$$

$$\eta = \frac{m w_2 \chi - C_2 V}{m w_2 \chi} \times 100\% \tag{6-3}$$

式中　m——白钨矿的质量，g；

　w_1，w_2——白钨矿中的钨（WO_3）和钙（Ca）的质量分数，%；

　C_1，C_2——浸出液中的钨（WO_3）和钙（Ca）的浓度，g/L；

　V——浸出液的体积，L。

6.2.2　人造白钨矿酸浸

Martins 等人对盐酸分解白钨矿且钨以同多酸形式分解的过程进行了研究，发现人造白钨矿中的钨以钨同多酸形式产出，但其操作过程比较严格，整个分解过程需要连续补入盐酸，同时还需要控制反应体系的 pH 值在 1.5～2.2 之间，反应温度在 70～80℃。针对这些不足，基于化学平衡移动原理（也称勒夏特列原理），本节提出酸浸出白钨矿过程中添加 732 阳离子交换树脂，利用该树脂对白钨矿的酸浸出产物钙离子的吸附特性，推测 732 阳离子交换树脂的加入可能会促进白钨矿的酸浸出反应。

对此，首先以人造白钨矿（5g）为原料进行了浸出实验。在浸出温度为40℃，盐酸用量为200mL，盐酸浓度为10mmol/L，搅拌转速为450r/min，研究了分别添加与未添加732阳树脂（10g）时人造白钨矿的浸出效果，结果如图6-3所示。

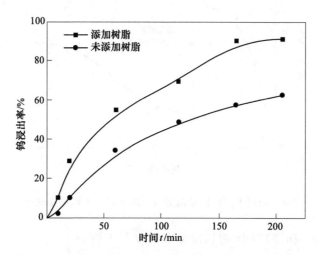

图6-3 阳离子交换树脂添加与否对人造白钨矿酸浸的影响

图6-3结果表明，添加732阳离子交换树脂可以促进人造白钨矿的浸出。例如，在反应时间为60min时，添加732阳离子交换树脂和不添加732阳离子交换树脂的人造白钨矿的钨浸出率分别为55%和34.16%。

同时，从图6-3还可以看出，732阳离子交换树脂的加入还可以提高人造白钨矿的浸出反应速率。例如，添加了732阳离子交换树脂时，人造白钨矿的钨浸出率在反应时间为115min时已达到55%，而未添加732阳离子交换树脂，人造白钨矿的钨浸出率在反应时间为165min时也仅为57.64%。

6.2.3 天然白钨矿酸浸

在浸出温度为65℃，盐酸用量为150mL，盐酸浓度为2.7mmol/L，搅拌转速为700r/min条件下，研究了分别添加与未添加732阳离子交换树脂（16g）时天然白钨矿的浸出效果，结果如图6-4所示。

图6-4结果表明，添加732阳离子树脂可以促进天然白钨矿的浸出。例如，在反应时间为60min时，添加732阳离子交换树脂与未添加732阳离子交换树脂的钨浸出率分别为67.32%和14.61%。

同时，从图6-2还可以看出，732阳离子交换树脂的加入还可以提高天然白钨矿的浸出反应速率。例如，添加732阳离子交换树脂时，天然白钨矿浸出在反应时间为0.5h时钨浸出率已达到43.37%，而未添加732阳离子交换树脂，天然

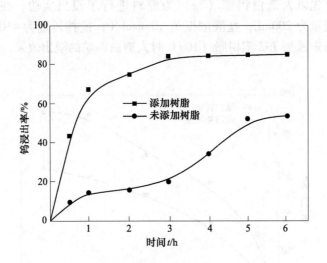

图 6-4　阳离子交换树脂添加与否对天然白钨矿酸浸的影响

白钨矿浸出在反应时间为 4h 时钨浸出率仅为 34.04%。

6.3　阳离子交换树脂的添加促进白钨矿酸浸的机理

6.3.1　阳离子树脂协同稀酸浸出白钨矿的反应示意图

　　上述实验结果表明，732 阳离子交换树脂的添加有利于白钨矿的酸浸出反应。推测是由于 732 阳离子交换树脂可以吸附白钨矿酸浸出的产物钙离子（Ca^{2+}），同时释放出 H^+，从而促进了白钨矿的酸浸出反应。由此，提出如图 6-5 所示的阳离子交换树脂协同稀酸浸出白钨矿的反应示意图。

　　图 6-5 中，白钨矿中的 $CaWO_4$ 在盐酸浸出作用下，W 以同多酸（$H_c W_a O_{4a-0.5(b-c)}^{(2a-b)-}$）形式产出，Ca 以钙离子（$Ca^{2+}$）形式产出。同时，732 阳离子交换树脂（氢型）上的 H^+ 与 Ca^{2+} 交换后进入溶液，为白钨矿浸出提供了酸浸出剂。因此，732 阳离子交换树脂的加入有利于白钨矿的浸出反应。同时，732 阳离子交换树脂吸附钙离子的同时释放了氢离子，从而避免了连续补入酸液带来的繁琐操作。

6.3.2　人造白钨矿酸浸出液中的钙浓度分析

　　为了明晰 732 阳树脂对钙离子的吸附，对人造白钨矿酸浸出的浸出液进行了钙浓度分析，结果如表 6-3 所示。其中，浸出条件是人造白钨矿 5g，浸出温度 40℃，盐酸 200mL，盐酸浓度 10mmol/L，搅拌转速 450r/min。

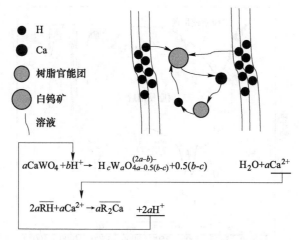

图 6-5 阳离子交换树脂协同稀酸浸出白钨矿的反应

表 6-3 人造白钨矿酸浸出液中钙的浓度分析结果

反应时间/min	钙的浓度/g·L⁻¹		钙的吸附率/%
	未添加 732 树脂	添加 732 树脂	
10	0.08	0.048	86.08
20	0.36	0.037	96.27
60	1.17	0.032	98.31
115	1.67	0.029	98.79
165	1.99	0.025	99.19
205	2.15	0.021	99.33

表 6-3 结果表明，人造白钨矿浸出过程中，未添加 732 阳离子交换树脂的浸出液中 Ca 浓度逐渐增加，而添加 732 阳离子交换树脂的浸出液中钙浓度始终保持在一个较低值（小于 0.05g/L），说明 732 阳离子交换树脂对浸出液中的钙进行了吸附，且吸附率高达 99.33%，证实了白钨矿酸浸出过程中添加 732 阳离子交换树脂可以吸附产物钙（Ca^{2+}）的结论。

6.3.3 阳离子交换树脂的 FTIR 分析

对 732 阳离子交换树脂协同稀酸浸出白钨矿过程中，树脂使用前与使用后的树脂结构进行了红外表征，阳离子交换树脂 732 使用前与使用后的 FTIR 图结果，如图 6-6 所示。

图 6-6 所示结果表明，732 阳离子交换树脂在协同稀酸浸出白钨矿后，发生了对钙的吸附反应，使用后的树脂在 1128cm⁻¹，1008cm⁻¹，835cm⁻¹ 和 674cm⁻¹ 处的峰出现增强，这是因为—SO₃H 官能团吸附钙后，发生 S—O 和 S＝O 的伸缩

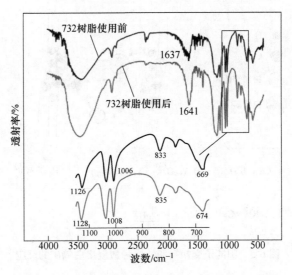

图 6-6　阳离子交换树脂 732 使用前与使用后的 FTIR 图

振动。同时，在 $1641cm^{-1}$ 处的峰也出现增强，这是因为苯环的伸缩振动。这些结果均证实了 732 阳离子交换树脂上的—SO_3H 官能团对钙的良好吸附性能。

6.3.4　阳离子交换树脂的 SEM-EDS 分析

对 732 阳离子交换树脂协同稀酸浸出白钨矿过程中使用前与使用后的形貌与表面元素进行了扫描电镜和能谱分析，结果如图 6-7 和图 6-8 所示。

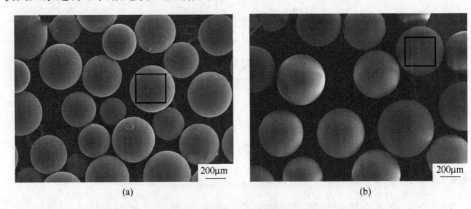

图 6-7　阳离子交换树脂 732 在使用前与使用后的 SEM 图
（a）使用前；（b）使用后

图 6-7 结果表明，732 阳离子交换树脂在使用后与使用前一样保持完整的球形，表明 732 阳离子交换树脂具有优异的抗磨损性能。

此外，从图 6-8 结果中不难看出，732 阳离子交换树脂在经酸浸出白钨矿中

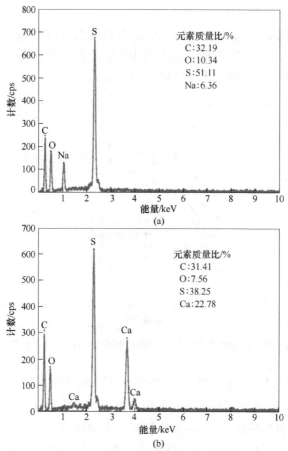

图 6-8　阳离子交换树脂 732 在使用前与使用后的 EDS 图
（a）使用前；（b）使用后

使用后，其 EDS 图中出现了新的 Ca 元素峰，且 Ca 元素的分配比例达 22.78%，表明 732 阳离子交换树脂有发生对钙的吸附，证实了白钨矿酸浸出过程中添加 732 阳离子交换树脂可以吸附产物 Ca^{2+} 的结论。因此，选择 732 阳离子交换树脂作为阳树脂协同稀酸浸出白钨矿酸浸出过程中的吸附剂合理。

　　综上得到，不论是人造白钨矿还是天然白钨矿，添加 732 阳离子交换树脂均可以促进白钨矿酸浸反应。同时，732 阳离子交换树脂具有良好的钙吸附性能和优异的抗机械磨损性能。

6.4　阳树脂协同稀酸浸出白钨矿的影响因素

6.4.1　盐酸浓度的影响

　　前述对 732 阳离子交换树脂协同稀酸浸出白钨矿的可行性进行了验证，并选定了 732 阳离子交换树脂作为吸附剂。

现以人造白钨矿（5g）为原料，在反应温度为 60℃，盐酸用量为 200mL，搅拌转速为 450r/min，732 阳树脂加入量为 10g 的条件下，研究了不同盐酸浓度对人造白钨矿酸浸出的影响，结果如图 6-9 所示。

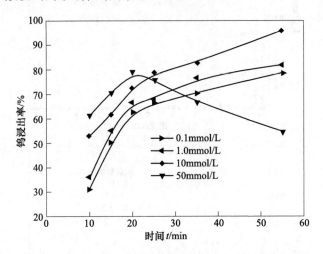

图 6-9 盐酸浓度对阳树脂协同稀酸浸出人造白钨矿的影响

图 6-9 结果表明，人造白钨矿的钨浸出率随着盐酸浓度的增加而增加。当盐酸浓度由 0.1mmol/L 增加到 10mmol/L 时，在反应 10~60min 内，钨浸出率逐步增加。但继续增加盐酸浓度至 50mmol/L 时，人造白钨矿的钨浸出率出现先增加后降低的现象（在反应 20min 后钨分解率下降），推测原因是由于盐酸浓度大于 10mmol/L 时，溶液容易生成钨酸沉淀。在实验过程中也发现，溶液逐渐由白色转为黄色，说明生成了黄色钨酸。因此，宜选择盐酸浓度为 10mmol/L 作为阳离子交换树脂协同稀酸浸出人造白钨矿酸浸出的最佳条件。

6.4.2 离子交换树脂用量的影响

以 5g 人造白钨矿为原料，以 10mmol/L 盐酸作为酸试剂，以 55min 作为反应时间，在反应温度为 60℃，搅拌转速为 450r/min，液固比（盐酸用量（mL）：白钨矿质量（g））为 40:1 的条件下，研究了不同树脂用量（2.5~20g）对人造白钨矿酸浸出的影响，结果如图 6-10 所示。

图 6-10 结果表明，在阳树脂协同稀酸浸出人造白钨矿的过程中，钨浸出率随着树脂用量的增加而增加。当树脂用量由 2.5g 增加到 10g 时，钨浸出率由 37.75% 增加到 96.17%。继续增加树脂用量，钨浸出率增加不明显。因此，宜选择 10g 作为阳离子交换树脂协同稀酸浸出人造白钨矿的最佳树脂用量。

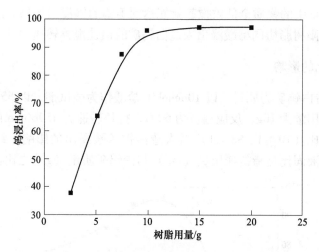

图 6-10 树脂用量对阳树脂协同稀酸浸出人造白钨矿的影响

6.4.3 搅拌转速的影响

以 5g 人造白钨矿为原料,以 10mmol/L 盐酸作为酸试剂,以 55min 为反应时间,在反应温度 60℃,树脂用量 10g,液固比为 40∶1 的条件下,研究了不同搅拌转速(350~550r/min)对人造白钨矿酸浸出的影响,结果如图 6-11 所示。

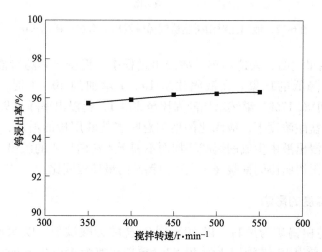

图 6-11 搅拌转速对阳树脂协同稀酸浸出人造白钨矿的影响

图 6-11 结果表明,搅拌转速对人造白钨矿的钨浸出率影响不明显。当搅拌转速由 350r/min 增加到 450r/min 时,钨浸出率由 95.74% 仅增加到 96.17%。继续增加搅拌转速至 550r/min 时,钨浸出率增加至 96.31%。因此,只要在保证反

应过程中，体系中的物质全部被搅起就能达到不错的钨浸出效果。所以，宜选择450r/min作为阳树脂协同稀酸浸出人造白钨矿的最佳搅拌转速。

6.4.4 液固比的影响

以5g人造白钨矿为原料，以10mmol/L盐酸作为酸试剂，以55min作为反应时间，在树脂用量为10g，反应温度为60℃，搅拌转速为450r/min的条件下，研究了不同液固比（10∶1~80∶1）对人造白钨矿酸浸出的影响，结果如图6-12所示。其中，液固比是指盐酸用量（mL）与白钨矿质量（g）之比。

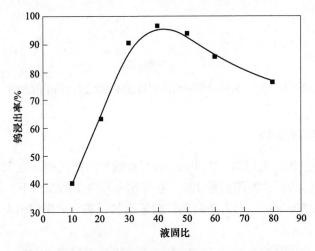

图6-12 液固比对阳树脂协同稀酸浸出人造白钨矿的影响

图6-12结果表明，人造白钨矿酸浸出过程中，钨浸出率随着液固比的增加出现先增加后降低的现象。在液固比从10∶1增加到40∶1时，钨浸出率由40.28%增加到96.17%。继续增加液固比至50∶1，钨浸出率降至93.34%。这是因为在一定的盐酸浓度下，液固比的增加意味着盐酸用量的增加，体系中H^+随之增加，导致浸出液中生成的钨酸增加而不利于人造白钨矿的浸出。因此，宜选择40∶1作为阳树脂协同稀酸浸出人造白钨矿的最佳液固比。

6.4.5 浸出温度的影响

以5g人造白钨矿为原料，以10mmol/L盐酸为酸试剂，以55min为反应时间，在树脂用量为10g，液固比为40∶1，搅拌转速为450r/min的条件下，研究不同反应温度（20~80℃）对人造白钨矿酸浸出的影响，结果如图6-13所示。

图6-13结果表明，人造白钨矿酸浸出过程中，钨浸出率随着反应温度的增加而增加。在反应温度由20℃增加到60℃时，钨浸出率由20.37%增加到96.17%。继续增加反应温度，钨浸出率出现下降。这可能是由于反应温度的升

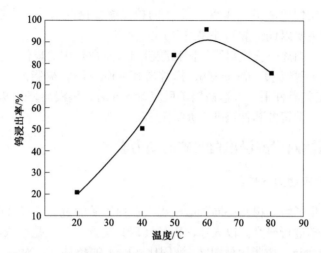

图 6-13　反应温度对阳树脂协同稀酸浸出人造白钨矿的影响

高，导致溶液中钨同多酸向钨酸生成的趋势增加。因此，宜选择 60℃ 作为阳树脂协同稀酸浸出人造白钨矿的最佳反应温度。

6.5　阳树脂协同稀酸浸出白钨矿的浸出液形态分析

为了明晰人造白钨矿酸浸出液的成分，对阳离子交换树脂协同稀酸浸出人造白钨矿的浸出液进行了拉曼分析，结果如图 6-14 所示。

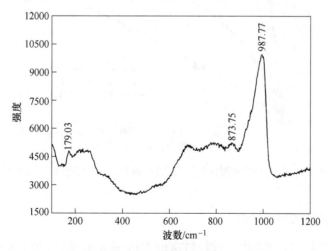

图 6-14　人造白钨矿酸浸出液的拉曼分析

从图 6-14 结果可以看出，人造白钨矿的酸浸出液在 987.77cm^{-1} 处有一强峰，对应于偏钨酸（$H_2W_{12}O_{40}^{6-}$）的拉曼峰，以及在 179.03cm^{-1} 和 873.75cm^{-1} 处分别

有一弱峰，对应仲钨酸 B（$H_2W_{12}O_{42}^{10-}$）的拉曼峰。由此表明，人造白钨矿的稀酸浸出液中钨主要以偏钨酸和仲钨酸 B 形式存在。

综上得到，阳离子交换树脂协同稀酸浸出人造白钨矿的最优工艺条件为：分解温度 60℃，盐酸浓度 10mmol/L，搅拌转速 450r/min，树脂用量 10g，液固比 40:1。在该工艺条件下，人造白钨矿反应 55min 时，钨浸出率达 96.17%，且浸出液中钨主要以偏钨酸和仲钨酸 B 形式存在。

6.6　阳树脂协同稀酸浸出白钨矿的动力学

6.6.1　浸出反应动力学曲线

为了进一步了解阳树脂协同稀酸浸出人造白钨矿的过程，有必要对人造白钨矿浸出的动力学进行研究。以人造白钨矿（5g）为原料，在盐酸浓度 10mmol/L，搅拌转速 450r/min，树脂用量 10g，液固比 40:1 的条件下，对不同反应温度下的钨浸出效果进行了研究，结果（图 6-15）表明反应温度对人造白钨矿的浸出影响较大。在反应时间为 20min 时，当反应温度由 20℃升高到 50℃时，钨浸出率由 10.4%增加到 51.85%。

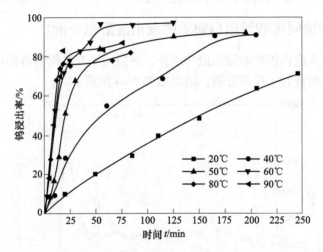

图 6-15　不同温度和时间对阳树脂协同稀酸浸出人造白钨矿的影响

6.6.2　浸出反应动力学模型

考虑到在图 6-11 结果中，搅拌转速由 350r/min 增加到 550r/min 时，人造白钨矿的钨浸出率均在 95%以上，且整个反应过程中未发现有钨酸沉淀生成，表明人造白钨矿的浸出过程受搅拌转速影响较小。由此推测人造白钨矿的浸出反应受化学反应控制。对此，将图 6-15 的实验结果用化学反应控制方程进行拟合：

$$1 - (1 - \alpha)^{1/3} = kt \tag{6-4}$$

式中 k——反应速率常数；

$\qquad t$——时间。

结果如图 6-16 所示。

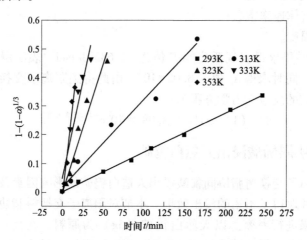

图 6-16 化学反应控制方程 $1-(1-\alpha)^{1/3}-t$ 拟合结果

图 6-16 结果表明，不同温度下的钨浸出率用化学反应控制方程拟合的结果均较好，线性相关系数均在 0.9658 以上，说明人造白钨矿的浸出反应符合化学反应控制的收缩核未反应模型。

6.6.3 浸出反应表观活化能

根据反应表观活化能 E 与温度 T 的关系式（6-5），结合图 6-16 中直线斜率，对反应速率常数 k 与温度 T 的关系作图，结果示于图 6-17 中。

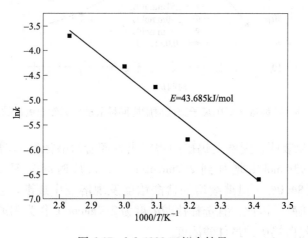

图 6-17 $\ln k$-$1000/T$ 拟合结果

$$k = A_0 e^{(-E/RT)} \tag{6-5}$$

式中　A_0——指前因子；

　　　E——表观活化能；

　　　R——气体速率常数；

　　　T——温度。

由图 6-17 结果求得表观活化能 E 值为 43.685kJ/mol，表明浸出反应过程受化学反应控制。同时求得 A_0 值为 8.08×10^4，由此得到阳离子交换树脂协同稀酸浸出人造白钨矿的反应动力学方程为：

$$1 - (1 - \alpha)^{1/3} = 8.08 \times 10^4 e^{-43685/8.314T} t \tag{6-6}$$

6.7　阳树脂协同稀酸浸出天然白钨矿

上述对阳离子交换树脂协同稀酸浸出人造白钨矿的影响因素及动力学进行了系统地研究，并取得了不错的浸出效果。本节对阳离子交换树脂协同稀酸浸出天然白钨矿的效果进行考察。以天然白钨矿（5g）为原料，在反应温度为 65℃，盐酸用量为 150mL，搅拌转速为 700r/min，732 树脂加入量为 16g 的条件下，研究了不同盐酸浓度对天然白钨矿酸浸出效果的影响，结果如图 6-18 所示。

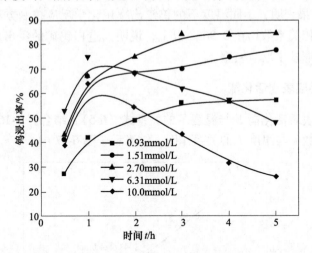

图 6-18　盐酸浓度对阳离子交换树脂协同稀酸浸出天然白钨矿的影响

图 6-18 结果表明，天然白钨矿的钨浸出率随着盐酸浓度的增加而增加。当盐酸浓度由 0.93mmol/L 增加到 2.7mmol/L 时，反应时间为 3h 的钨浸出率由 56.32% 增加至 84.0%。但继续增加盐酸浓度发现溶液中逐渐产生黄色沉淀物，推测是生成了钨酸。因此，宜选择盐酸浓度为 2.7mmol/L 作为阳离子交换树脂协同稀酸浸出天然白钨矿的最佳酸浓度。

比较阳离子交换树脂协同稀酸浸出天然白钨矿与人造白钨矿的浸出效果可

知，相同条件下，天然白钨矿浸出效果较人造白钨矿浸出效果差。推测可能是由于天然白钨矿中伴生的杂质元素所导致，也可能是因为天然白钨矿中 $CaWO_4$ 的晶体较人造白钨矿中 $CaWO_4$ 的晶体更稳定所导致。另外，天然白钨矿的粒度更大或许也是造成其浸出效果较差的原因。

6.8　本章小结

本章基于稀盐酸浸出白钨矿时钙以离子形式产出，提出在白钨矿浸出过程中添加阳离子交换树脂，通过树脂对钙离子的吸附促进白钨矿浸出，即阳离子交换树脂协同稀酸浸出白钨矿，并对该方法浸出白钨矿的过程进行了系统的研究，主要研究结果如下：

（1）比较了添加与不添加 732 阳离子交换树脂酸浸白钨矿的浸出效果，结果表明，不论是人造白钨矿还是天然白钨矿，添加 732 阳离子交换树脂均可以促进白钨矿的酸浸反应。

（2）对阳离子交换树脂协同稀酸浸出白钨矿的影响因素进行了研究，结果表明白钨矿的钨浸出率随着反应温度、盐酸浓度、树脂用量的增加而增加。在反应温度 60℃，盐酸浓度 10mmol/L，搅拌转速 450r/min，树脂用量 10g，液固比 40∶1 的条件下反应 80min，人造白钨矿和天然白钨矿的钨浸出率分别为 96.17% 和 67.13%。

（3）树脂的 SEM 分析结果表明，732 阳离子交换树脂在阳离子交换树脂协同稀酸浸出体系中使用后，仍然保持完整的球形，说明该离子交换树脂具有良好的抗磨损性能。

（4）阳离子交换树脂协同稀酸浸出白钨矿的动力学研究结果表明，732 阳离子交换树脂协同稀酸浸出人造白钨矿的反应模型符合化学反应控制的收缩核未反应模型，浸出反应过程受化学反应控制。

7 结论与展望

7.1 主要结论

针对目前钨资源储量中白钨矿占绝对优势，而现行钨工业上处理白钨矿的技术存在高碱、高温和高压等问题，开展了白钨矿提取冶金新技术的研究，本书提出了离子交换树脂协同稀酸浸出白钨矿的新技术，分别为阴离子交换树脂协同稀酸浸出法和阳离子交换树脂协同稀酸浸出法，主要结论如下：

阴离子交换树脂吸附钨同多酸离子实验结果表明：（1）大孔性弱碱型阴离子交换树脂 D301 的吸附效果最好，且该树脂的抗机械强度好。（2）在树脂用量、溶液体系 pH 值、吸附温度和时间等最优参数条件下，D301 树脂对钨同多酸离子的吸附率达到 99.4% 以上。（3）考察了 D301 附钨树脂的解吸条件，得到最佳解吸剂种类为氢氧化钠溶液，并优化了该解吸剂解吸钨的条件参数。

基于稀盐酸浸出白钨矿时钨以钨同多酸离子形式产出，提出在白钨矿酸浸出过程中添加阴离子交换树脂，通过阴离子交换树脂对钨同多酸离子的吸附，提出阴离子交换树脂协同稀酸浸出白钨矿：

（1）以稀盐酸作为浸出试剂，选取阴离子交换树脂 310 作为阴离子交换树脂协同稀酸浸出白钨矿过程中的吸附剂。结果表明，阴离子交换树脂的添加有利于促进白钨矿的酸浸反应。

（2）白钨矿的钨浸出率随着浸出温度的升高、盐酸浓度的提高和树脂用量的增加而增加。

（3）在浸出温度 65℃，盐酸浓度 pH 值为 1.03，阴离子交换树脂用量 15g，液固比 60∶1 和反应时间 140min 的条件下，人造白钨矿和天然白钨矿的钨浸出率分别为 97.48% 和 50.83%。

（4）动力学研究结果表明，阴离子交换树脂协同稀酸浸出人造白钨矿的反应模型符合阿弗拉密方程，反应过程受化学反应控制。

基于稀盐酸浸出白钨矿时钙以钙离子形式产出，提出在白钨矿酸浸出过程中添加阳离子交换树脂，通过阳离子交换树脂对钙离子的吸附，提出阳离子交换树脂协同稀酸浸出白钨矿：

（1）以稀盐酸作为浸出试剂，选取阳离子交换树脂 732 作为阳离子交换树脂协同稀酸浸出白钨矿过程中的吸附剂。结果表明，阳离子交换树脂的添加有利于促进白钨矿的酸浸反应。

（2）白钨矿的钨浸出率随着浸出温度的升高、盐酸浓度的提高和树脂用量的增加而增加。

（3）阳离子交换树脂协同稀酸浸出白钨矿的过程中，在反应温度 60℃，盐酸浓度 10mmol/L，搅拌转速 450r/min，732 阳离子交换树脂用量 10g，液固比 40∶1 和反应时间 80min 的条件下，人造白钨矿和天然白钨矿的钨浸出率分别为 96.17%和 67.13%。

（4）动力学研究结果表明，732 阳离子交换树脂协同稀酸浸出人造白钨矿的反应符合化学反应控制的收缩核未反应模型，反应过程受化学反应控制。

7.2 回顾与展望

本书对白钨矿提取冶金的新技术——阴离子交换树脂协同稀酸和阳离子交换树脂协同稀酸浸出白钨矿进行了研究。其中，阴离子交换树脂协同稀酸浸出白钨矿中，详细探究了采用氨水对贫钨树脂的解吸效果以及明确了最优解吸条件参数。阳离子交换树脂协同稀酸浸出白钨矿中，深入剖析了阳离子交换树脂协同稀酸浸出白钨矿的反应原理，并明确了浸出参数的优化值。这些研究可为白钨矿的高效处理和白钨矿常规条件下浸出提取钨的新技术提供理论基础和技术支撑。本书离子交换树脂协同稀酸浸出白钨矿新技术的相关研究虽然取得了一定的进展，但仍有一些方面有待进一步的研究和完善：

（1）离子交换树脂协同稀酸浸出白钨矿的研究结果为开发白钨矿提取冶金的新技术提供了一定的理论基础与技术支撑。但是，该方法仅适用于人造白钨矿，而对于天然白钨矿的浸出效果还不理想。

（2）离子交换树脂协同稀酸浸出白钨矿体系中存在液固比偏大的问题，如何有效处置大容量的浸出液还有待于解决。

（3）浸出液钨同多酸后续的处理，即如何将钨同多酸浸出液制备成常规的含钨商品，如仲钨酸铵产品还有待于探究。

参 考 文 献

[1] 王方. 现代离子交换与吸附技术 [M]. 北京：清华大学出版社，2015.

[2] 钱庭宝. 离子交换剂应用技术 [M]. 天津：天津科学技术出版社，1984.

[3] 夏笃祎. 离子交换树脂 [M]. 北京：化学工业出版社，1983.

[4] 何炳林，黄文强. 离子交换与吸附树脂 [M]. 上海：上海科技教育出版社，1995.

[5] 胡芳. 高浓度钨酸钠溶液离子交换研究 [D]. 长沙：中南大学，2010.

[6] 刘士军. 几种钨同多酸盐及钨同多酸离子的热力学性质研究 [D]. 长沙：中南工业大学，1999.

[7] 文颖频，熊洁羽. D354 树脂回收钨钼的研究 [J]. 江西冶金，2006，26（2）：8-10.

[8] 蒋克旭，邓桂春，张倩，等. D314 树脂静态分离铼与钼的实验研究 [J]. 稀有金属与硬质合金，2011，39（1）：8-12，16.

[9] Yu L B, Chen D P, Li J. Preparation, characterization, and synthetic uses of lanthanide（Ⅲ）catalysts supported on ion exchange resins [J]. J. Org. Chem.，1997，62（11）：3575-3581.

[10] 冯其明，孙健程，张国范，等. D201 树脂吸附钒（Ⅴ）的过程 [J]. 有色金属，2010，62（1）：73-75，87.

[11] 廷盛岳，徐凤波，凌达仁. D290 大孔阴离子交换树脂对 W（Ⅵ）、Mo（Ⅵ）吸附性能的研究 [J]. 离子交换与吸附，1990，6（2）：112-116.

[12] 陈少瑾，杨舒慧，林颖馥. 采用混合离子交换树脂提取钨酸根 [J]. 广东化工，2015，42（24）：35-36，58.

[13] 李会强，唐忠阳，何利华，等. 离子交换技术在钨冶金中的应用与进展 [J]. 中国钨业，2014，29（5）：34-39.

[14] 姚能平，陈建国，梅德华，等. 大孔弱碱阴离子交换树脂对低浓度钨酸根吸附量的研究 [J]. 滁州学院学报，2013，15（5）：79-81.

[15] 刘旭恒，胡芳，赵中伟. 大孔型树脂处理高浓度钨酸钠溶液 [J]. 中国有色金属学报，2014，24（7）：1895-1900.

[16] Guo J T, Liu B, Wang X Y, et al. The use of ion exchange resins in the recycle of palladium catalysts for the synthesis of polyketones [J]. Reactive and Functional Polymers，2004，61（2）：163-170.

[17] 王广珠，汪德良，崔焕芳，等. 离子交换树脂使用及诊断技术 [M]. 北京：化学工业出版社，2005.

[18] 吴坚，赵长多，陈嘉宇，等. 钒钨离子在 D201 树脂上的吸附分离性能 [J]. 高校化学工程学报，2020，34（4）：897-903.

[19] 王芳. 离子交换树脂标准手册 [M]. 北京：中国标准出版社，2003.

[20] 李红艳，李亚新，李尚明. 离子交换技术在重金属工业废水处理中的应用 [J]. 水处理技术，2008，34（2）：12-15，20.

[21] 雷兆武，孙颖. 离子交换技术在重金属废水处理中的应用 [J]. 环境科学与管理，2008，33（10）：82-84.

[22] 李红艳，李亚新，岳秀萍. 离子交换去除饮用水中有机物的研究进展 [J]. 工业水处

理，2009，29（4）：16-20.

[23] 邵林. 水处理用离子交换树脂 [M]. 北京：水利电力出版社，1989.

[24] Choudary B M, Chowdari N S, Jyothi K, et al. Catalytic asymmetric dihydroxylation of olefins with reusable OsO_4^{2-} on ion-exchangers: the scope and reactivity using various cooxidants [J]. J. Am. Chem. Soc., 2002, 124 (19): 5341-5349.

[25] 刘庆生，叶秋实. 微孔树脂镶嵌超细 a-Fe_2O_3 催化剂的制备、表征及其在苯酚 H_2O_2 羟化制备苯二酚反应中的应用 [J]. 高等学校化学学报，2002，23（2）：259-262.

[26] 叶一芳. 应用离子交换树脂法处理低浓度含汞废水 [J]. 环境污染与防治，1989，11（3）：33-35.

[27] 张荣斌. 工业废水中汞的处理技术 [J]. 山东化工，2007，36（6）：17-22.

[28] 张剑波，王维敬，祝乐. 离子交换树脂对有机废水中铜离子的吸附 [J]. 水处理技术，2001，27（1）：29-32.

[29] 吴克明，石瑛，王俊，等. 离子交换树脂处理钢铁钝化含铬废水的研究 [J]. 工业安全与环保，2005，31（4）：22-23.

[30] Kocaoba S. Comparison of Amberlite IR 120 and dolomite's performances for removal of heavy metals [J]. J. Hazard Mater, 2007, 147: 488-496.

[31] 张丽珍，刘惠茹. 弱碱离子交换树脂应用于含酚废水的处理 [J]. 惠州大学学报，2001，21（4）：52-56.

[32] 陈建林. 树脂吸附法回收染料废水中的酚 [J]. 南京大学学报：自然科学版，1995，31（4）：592-597.

[33] 张建国. 低价钼酸聚合物在 201×7 树脂上吸附机理的研究 [J]. 铀矿冶，1988，7（1）：27-32.

[34] 王敏. 从废液中回收贵重金属铼 [J]. 上海有色金属，2002，23（4）：169~170.

[35] 解小刚，贺永莲，邓盛齐. 离子交换树脂在药剂学中的应用进展 [J]. 中国新药杂志，2006，15（2）：83-86.

[36] 李平华，王兴. 大孔吸附树脂在中药有效成分分离纯化中的研究进展 [J]. 云南中医学院学报，2003，26（3）：43-46.

[37] 潘涛，潘高，王仁女. 多环芳烃的微生物降解 [M]. 北京：化学工业出版社，2022.

[38] 刘斌，石任兵. 大孔吸附树脂吸附分离技术在中药复方分离纯化中的应用 [J]. 世界科学技术，2003，5（5）：39-44，80.

[39] 米靖宇，宋纯清. 大孔吸附树脂在中草药研究的应用进展 [J]. 中成药，2001，23（12）：914-917.

[40] 朱绍清，谢华. 煤与化石树脂浮选分离的有效方法 [J]. 煤炭加工与综合利用，2000（5）：30-32.

[41] 宋韵梅，平其能，张志燕，等. 曲马多药物树脂速释混悬剂的研制 [J]. 中国药科大学学报，2000，31（1）：18-20.

[42] Jungherr L B, Ottoboni T B. Ocular microsphere delivery system: US, 5837226 [P], 1998-11-07.

[43] 朱晓萍. 201×7 树脂在钨冶炼中的应用研究 [J]. 云南冶金，2013，42（4）：26-29.

［44］王惠君，高伟彪．110 树脂吸附铜的行为研究［J］．湿法冶金，2010，29（4）：270-272，284．

［45］姜锋，李汉广．萃淋树脂在钪湿法冶金中的应用［J］．稀有金属与硬质合金，2002，30（4）：34-38．

［46］Lassner E，Schubert W D．Tungsten：properties，chemistry，technology of the element，alloys，and chemical compounds［M］．New York：Kluwer Academic Plenum Publishers，1999．

［47］Maby M．Statistical overview of tungsten supply and demand in the global market［J］．China Tungsten Industry，2010，25（2）：1-6．

［48］赵中伟．钨冶炼的理论与应用［M］．北京：清华大学出版社，2013．

［49］Erik L，Wolf D S．Tungsten［M］．New York：Kluwer Academic Plenum Publishers，1999，133-176．

［50］陈绍衣．超细钨粉，碳化钨粉研制方法的述评—推荐用传统流程生产超细碳化钨粉［J］．中国钨业，1999（5）：146-149．

［51］Lassner E，Schubert W D，Lüderitz E，et al．Tungsten，tungsten alloys，and tungsten compounds in ullmann's encyclopedia of industrial chemistry［J］．Wiley-VCH Verlag Gmb H & Co. Kga A，Weinheim，2012，37：498-536．

［52］泽列克曼 A H，克列茵 O E．稀有金属冶金学［M］．北京：冶金工业出版社，1982．

［53］Vermaire D C，Berge P C V．The preparation of tungsten oxide powders with high specific surface areas［J］．Journal of Materials Science，1988，23（11）：3963-3969．

［54］李洪桂，羊建高，李昆．钨冶金学［M］．长沙，中南大学出版社，2010．

［55］《稀有金属材料加工手册》编写组．稀有金属材料加工手册［M］．北京：冶金工业出版社，1984，195-197．

［56］Hwu H H，Chen J G．Potential application of tungsten carbides as electrocatalysts［J］．Journal of Catalysis，2003，215（2）：254-263．

［57］吴介达，刘金库，祝胜祥，等．混合价钨氧化物的制备及其性质研究［J］．无机化学学报，2003，19（6）：613-616．

［58］彭少方．钨冶金学［M］．北京：冶金工业出版社，1981．

［59］Cruywagen J J，Van Der Merwe I F J．Cheminform abstract：tungsten（Ⅵ）equilibria：a potentiometric and calorimetric investigation［J］．Cheminform，1987，18（39）：1701-1705．

［60］万林生．钨冶金［M］．北京：冶金工业出版社，2010．

［61］李俊杰，何德文，周康根，等．钨渣综合利用研究现状［J］．矿产保护与利用，2019，39（3）：125-132．

［62］Kuang W，Rives A，Fournier M，et al．Solid state NMR studies and reactivity of silica-supported 12-tungstophosphoric acid［J］．Springer Netherlands，2002，565-569．

［63］Redkin A F，Bondarenko G V．Raman spectra of tungsten-bearing solutions［J］．Journal of Solution Chemistry，2010，39（10）：1549-1561．

［64］潘涛．三苯基甲烷染料的微生物脱色［M］．北京：化学工业出版社，2020．

［65］Schimmelpfennig B，Wahlgren U，Gropen O，et al．The gas phase structures of tungsten chlorides: density functional theory calculations on WCl_6, WCl_5, WCl_4, WCl_3 and W_2Cl_6 [J]. Journal of the Chemical Society Dalton Transactions, 2001, 10 (10): 1616-1620.

[66] Anna W, Anders N, Ingemar O. Oxidation of tungsten and tungsten carbide in dry and humid atmospheres [J]. International Journal of Refractory Metals & Hard Materials, 1996, 14: 345-353.

[67] 叶帷洪, 王崇敬. 钨: 资源、冶金、性质和应用 [M]. 北京: 冶金工业出版社, 1983.

[68] Jones D J, Leach A. Application of tungsten, molybdenum, and other alloys in the electric lighting industry [J]. Powder Metallurgy, 1979, 22 (3): 125-132.

[69] Das J, Rao G A, Pabi S K. Microstructure and mechanical properties of tungsten heavy alloys [J]. Materials Science & Engineering: A (Structural Materials: Properties, Microstructure and Processing), 2010, 527 (29-30): 7841-7847.

[70] 李伟赫. 新型钨钢复合材料的制备、微观组织及力学性能研究 [D]. 北京: 北京理工大学, 2016.

[71] 印协世. 钨丝生产原理, 工艺及其性能 [M]. 北京: 冶金工业出版社, 1998.

[72] Sun G, Li C, Zhou Z, et al. Synthesis, characterization and hydrotreating performance of supported tungsten phosphide catalysts [J]. Frontiers of Chemical Engineering in China, 2008, 2 (2): 155-164.

[73] 莫似浩. 钨冶炼的原理和工艺 [M]. 北京: 轻工业出版社, 1984.

[74] 张启修, 赵秦生. 钨钼冶金 [M]. 北京: 冶金工业出版社, 2005.

[75] 刘英俊, 马东升. 钨的地球化学 [M]. 北京: 科学出版社, 1987.

[76] Wegner F. On the magnetic phase diagram of (Mn, Fe) WO_4 wolframite [J]. Solid State Communications, 1973, 12 (8): 785-787.

[77] Macavei J, Schulz H. The crystal structure of wolframite type tungstates at high pressure [J]. Zeitschrift Für Kristallographie, 1993, 207 (1-2): 193-208.

[78] Shedd K B. 2008 Minerals Yearbook (tungsten) [M]. Washington: United States Government Printing Office, 2010.

[79] Onea D E, Pellicer-Porres J, ManjÓ F J, et al. High-pressure structural study of the scheelite tungstates $CaWO_4$ and $SrWO_4$ [J]. Physical Revew B, 2005, 72 (17): 4106-4121.

[80] 梁冬云, 李波. 稀有金属矿工艺矿物学 [M]. 北京: 冶金工业出版社, 2015.

[81] 郭春丽, 陈振宇, 楼法生, 等. 南岭与钨锡矿床有关晚侏罗世花岗岩的成矿专属性研究 [J]. 大地构造与成矿学, 2014, 38 (2): 301-311.

[82] 付建明, 徐德明, 杨晓君, 等. 南岭锡矿物 [M]. 北京: 中国地质大学出版社有限责任公司, 2011.

[83] 赵奎, 中国生, 廖亮, 等. 赣南钨矿山地压特征、治理及地压区残矿回采 [J]. 中国钨业, 2009, 24 (5): 38-41.

[84] 采矿手册编辑委员会. 采矿手册 (第四卷) [M]. 北京: 冶金工业出版社, 1990.

[85] 徐晓萍, 梁冬云, 等. 江西某大型白钨矿钨的选矿试验研究 [J]. 中国钨业, 2007, 22 (2): 23-26.

[86] 郑磊, 余斌, 胡建军, 等. 中国钨矿采矿技术现状分析 [J]. 有色金属 (矿山部分),

2013, 65 (1): 12-15.

[87] 周源, 余新阳. 金银选矿与提取技术 [M]. 化学工业出版社, 2011.

[88] 肖广哲, 饶运章, 谭艳花. 赣南钨矿采矿贫化的原因与降低措施 [J]. 有色金属科学与工程, 2014, 5 (1): 82-85.

[89] 郑迪, 陈才贤, 杨福斗, 等. 某钨矿近水平薄矿体采矿方法选择及开采保障措施 [J]. 矿业研究与开发, 2020, 40 (8): 1-4.

[90] 兰晓平, 欧任泽. 香炉山钨矿西部矿床采矿方法选择研究 [J]. 采矿技术, 2014, 14 (3): 9-11, 27.

[91] 宋振国, 孙传尧, 王中明, 等. 中国钨矿选矿工艺现状及展望 [J]. 矿冶, 2011, 20 (1): 1-7, 19.

[92] 王明细, 蒋玉仁. 新型螯合捕收剂 COBA 浮选黑钨矿的研究 [J]. 矿冶工程, 2002, 22 (1): 56-60.

[93] 余军, 薛玉兰. 新型捕收剂 CKY 浮选黑钨矿、白钨矿的研究 [J]. 矿业工程, 1999, 19 (2): 34-36.

[94] 卢毅屏. 细粒黑钨矿絮团浮选的研究 [J]. 南方冶金学院学报, 1991, 12 (3): 286-290.

[95] 朱建光. 混合捕收剂的协同效应在黑钨锡石细泥浮选中的应用 [J]. 中南工业大学学报, 1995, 26 (4): 465-469.

[96] 杨久流, 罗家珂. 微细粒黑钨矿选择性絮凝剂的研究 [J]. 有色金属 (选矿部分), 1995 (6): 30-33.

[97] 朱一民, 周菁. 萘羟肟酸浮选黑钨细泥的试验研究 [J]. 矿冶工程, 1998, 18 (4): 33-35.

[98] 戴子林, 张秀玲, 高玉德. 苯甲羟肟酸浮选细粒黑钨矿的研究 [J]. 矿冶工程, 1995, 15 (2): 24-27.

[99] 余新阳. 矿物加工工程专业实验指导书 [M]. 南昌: 江西高校出版社, 2010.

[100] 徐晓萍, 梁冬云, 罗家珂. 江西某大型白钨矿钨的选矿试验研究 [J]. 中国钨业, 2007, 22 (2): 23-26.

[101] 叶雪均, 刘丽, 丰章发, 等. 从某钼尾矿资源中综合回收白钨的试验研究 [J]. 中国钨业, 2009, 24 (2): 20-22.

[102] 黄光耀, 冯其明, 欧乐明, 等. 浮选柱法从浮选尾矿中回收微细粒级白钨矿的研究 [J]. 稀有金属, 2009, 33 (2): 263-266.

[103] 叶雪均. 白钨常温浮选工艺研究 [J]. 中国钨业, 1999, 14 (5-6): 113-117.

[104] 张旭, 李占成, 戴惠新. 白钨矿浮选药剂的使用现状与展望 [J]. 矿业快报, 2008 (9): 9-11.

[105] 刘新敏, 游航英, 邓左民. 2000 年以来白钨选矿技术的文献分析 [J]. 中国钨业, 2013 (6): 29-33.

[106] 周晓彤, 邓丽红. 黑白钨细泥选矿新工艺的研究 [J]. 材料研究与应用, 2007 (4): 303-306.

[107] 严在春, 李晓东. 黑白钨混合浮选分离的生产实践 [J]. 有色金属 (选矿部分),

1992 (1)：5-6.

[108] 邓海波，赵磊，李晓东，等. 柿竹园预脱铁脱泥黑白钨混浮钨矿选矿新工艺研究 [J].
中国钨业，2011 (4)：16-19.

[109] 邓丽红. 从原次生细泥中回收黑白钨矿的选矿工艺研究 [J]. 金属矿山，2008,
38 (11)：148-151.

[110] 蔡改贫，吴叶彬，陈少平. 世界钨矿资源浅析 [J]. 世界有色金属，2009 (4)：62-65.

[111] 美国地质调查局. Mineral commdodity cummaries-tungsten [OL]. http：//minerals. usgs.
gov/minerals/pubs/commodity/tungsten/，2015.

[112] 刘壮壮，夏庆霖，汪新庆，等. 中国钨矿资源分布及成矿区带划分 [J]. 矿床地质,
2014, 33 (s1)：947-948.

[113] 谢昊. 黑钨矿酸法提取新工艺研究 [D]. 长沙：中南大学，2011.

[114] 刘学军. 我国钨矿资源开发利用现状及对策 [J]. 中国钨业，2003, 18 (2)：17-22.

[115] 吴彩斌，石贵明，夏青，等. 钨资源开发项目驱动实践教学教程 [M]. 北京：冶金工
业出版社，2016.

[116] 李洪桂，刘茂盛，李运姣，等. 白钨矿及黑白钨混合矿的 NaOH 分解法：中国,
00113250. 4 [P]. 2001-08-08.

[117] 方奇. 苛性钠压煮法分解白钨矿 [J]. 中国钨业，2001, 16 (6)：80-81.

[118] Sun P M, Li H G, Li Y J, et al. Decomposing scheelite and scheelite-wolframite mixed
concentrate by caustic soda digestion [J]. Journal of Central South University of Technology,
2003, 10 (4)：297-300.

[119] Zhao Z W, Li J T, Wang S B, et al. Extracting tungsten from scheelite concentrate with
caustic soda by autoclaving process [J]. Hydrometallurgy, 2011, 108 (1)：152-156.

[120] 赵中伟，李洪桂. NaOH 分解白钨矿的热力学-赝三元相图法及其应用 [C]. 全国稀有
金属学术交流会，2006.

[121] Huo G S, Sun P M, Li H G, et al. A decomposing technique for scheelite concentrate and
low-grade scheelite concentrate [J]. Rare Metals, 2004, 23 (2)：115-119.

[122] Zhao Z W, Liang Y, Liu X H, et al. Sodium hydroxide digestion of scheelite by reactive
extrusion [J]. Chinese Journal of Nonferrous Metals，2011, 29 (6)：739-742.

[123] 郭超. 苏打热解白钨精矿制取钨酸钠的实验研究 [D]. 长沙：中南大学，2012.

[124] Martins J P, Martins F. Soda ash leaching of scheelite concentrates：the effect of high
concentration of sodium carbonate [J]. Hydrometallurgy, 1997, 46 (1)：191-203.

[125] Cho E H. Kinetics off sodium carbonate leaching of scheelite [J]. JOM, 1988, 40 (7)：
32-34.

[126] 张贵清，张启修. 一种钨湿法冶金清洁生产工艺 [J]. 稀有金属，2003, 27 (2)：
254-257.

[127] 关文娟，张贵清. 用季铵盐从模拟钨矿苏打浸出液中直接萃取钨 [J]. 中国有色金属
学报，2011, 21 (7)：1756-1762.

[128] 柯兆华，张贵清，关文娟，等. 季铵盐从碱性钨酸钠溶液中萃取钨的研究 [J]. 稀有金
属与硬质合金，2012, 40 (6)：1-4, 52.

[129] 陈世梁，张贵清，肖连生，等. 采用 HCO_3^--CO_3^{2-} 混合型季铵盐从模拟钨矿苏打高压浸出液中萃取钨 [J]. 中国有色金属学报，2014 (12)：3155-3161.

[130] Zhang G Q, Guan W J, Xiao L S, et al. A novel process for tungsten hydrometallurgy based on direct solvent extraction in alkaline medium [J]. Hydrometallurgy, 2016, 165：233-237.

[131] 张贵清，关文娟，张启修，等. 从钨矿苏打浸出液中直接萃取钨的连续运转试验 [J]. 中国钨业，2009，24 (5)：49-52.

[132] 李嘉豪，曹佐英，李嘉，等. 新型胺类萃取剂 N1633 萃取钨的研究 [J]. 矿冶工程，2018，38 (2)：79-83.

[133] 李江涛，赵中伟，丁文涛. 超声波场作用下 Na_3PO_4 分解白钨矿的动力学 [J]. 中国有色金属学报，2014，24 (6)：1607-1615.

[134] 姚珍刚. 氟化钠压煮分解白钨精矿工艺研究 [J]. 中国钨业，1999，14 (5-6)：166-170.

[135] 万林生，赵立夫，黄泽辉，等. 一种铵盐分解白钨矿的方法：中国，201110063533.0 [P]. 2011-08-17.

[136] 万林生，聂华平，谭敦强. 白钨资源绿色冶炼与高值开发利用技术 [J]. 科技资讯，2016，14 (11)：165-166.

[137] Yang L, Wan L S, Jin X W. Solubility of ammonium paratungstate in aqueous diammonium phosphate and ammonia solution and its implications for a scheelite leaching process [J]. Canadian Metallurgical Quarterly, 2018, 57 (4)：439-446.

[138] 万林生，邓登飞，赵立夫，等. 钨绿色冶炼工艺研究方向和技术进展 [J]. 有色金属科学与工程，2013，4 (5)：15-18.

[139] 李洪桂. 稀有金属冶金学 [M]. 北京：冶金工业出版社，1990.

[140] 李小斌，崔源发，徐向明，等. 一种钨矿物原料的预处理方法：中国，201410527644.6 [P]. 2014-12-24.

[141] Li X B, Xu X M, Zhou Q S, et al. Ca_3WO_6 prepared by roasting tungsten-containing materials and its leaching performance [J]. International Journal of Refractory Metals & Hard Materials, 2015 (52)：151-158.

[142] Li X B, Xu X M, Zhou Q S, et al. Thermodynamic and XRD analysis of reaction behaviors of gangue minerals in roasting scheelite mixture of scheelite and calcium carbonate for Ca_3WO_6 preparation [J]. International Journal of Refractory Metals & Hard Materials, 2016 (60)：82-91.

[143] 罗武辉，肖婷，袁秀娟，等. 季铵盐改性蒙脱石的表征与吸附应用 [M]. 北京：冶金工业出版社，2021.

[144] Paramguru R K, Jena K N, Sahoo P K. Extraction of tungsten from scheelite concentrates by soda ash roast-leach method [J]. Transactions of the Institution of Mining and Metallurgy Section C-Mineral Processing and Extractive Metallurgy, 1990, 99：C67-C70.

[145] Gong D D, Zhou K G, Li J J, et al. Kinetics of roasting reaction between synthetic scheelite and magnesium chloride [J]. JOM, 2019, 71 (8)：2827-2833.

[146] Gong D D, Zhou K G, Peng C H, et al. Sequential extraction of tungsten from scheelite

through roasting and alkaline leaching [J]. Minerals Engineering, 2019 (132): 238-244.

［147］龚丹丹, 周康根, 陈伟, 等. 氯化镁焙烧-碱浸工艺处理钨矿研究 [J]. 稀有金属, 2020, 44 (1): 72-78.

［148］何德文, 李俊杰, 周康根, 等. 白钨矿焙烧转料的氢氧化钠浸出动力学研究 [J]. 稀有金属, http: //kns. cnki. net/kcms/detail/11. 2111. TF. 20191018. 1211. 005. html.

［149］《有色金属提取冶金手册》编辑委员会. 有色金属提取冶金手册 · 稀有高熔点金属 (上) [M]. 北京: 冶金工业出版社, 1999.

［150］周康根, 龚丹丹, 彭长宏. 一种分解白钨矿的方法: 中国, 201610622497. X [P]. 2016-11-23.

［151］郑昌琼, 李自强, 张正元. 盐酸分解白钨精矿动力学初步研究 [J]. 稀有金属, 1980 (6): 11-17.

［152］李伟勤. 低浓度和低用量盐酸分解白钨精矿的研究 [J]. 稀有金属与硬质合金, 1998 (1): 5-8.

［153］Martins J I, Moreira A, Costa S C. Leaching of synthetic scheelite by hydrochloric acid without the formation of tungstic acid [J]. Hydrometallurgy, 2003, 70 (1-3): 131-141.

［154］Martins J I. Leaching of synthetic scheelite by nitric acid without the formation of tungstic acid [J]. Industrial & Engineering Chemistry Research, 2003, 42 (21): 5031-5036.

［155］龚丹丹, 李祖怡, 张勇, 等. 钨渣回收利用技术现状研究 [J]. 稀有金属与硬质合金, 2021, 49 (6): 1-8.

［156］王小波, 李江涛, 张文娟, 等. 双氧水协同盐酸分解人造白钨 [J]. 中国有色金属学报, 2014 (12): 3142-3146.

［157］王小波. H_2O_2 协同酸分解白钨新工艺研究 [D]. 长沙: 中南大学, 2014.

［158］Zhang W J, Li J T, Zhao Z W, et al. Recovery and separation of W and Mo from high-molybdenum synthetic scheelite in HCl solutions containing H_2O_2 [J]. Hydrometallurgy, 2015, 155: 1-5.

［159］Xuin G H, Yu D Y, Su Y F. Leaching of scheelite by hydrochloric acid in the presence of phosphate [J]. Hydrometallurgy, 1986, 16 (1): 27-40.

［160］Gürmen S, Timur S, Arslan C, et al. Acidic leaching of natural scheelite and production of hetero-poly-tungstate salt. Hydrometallurgy, 1999, 51 (2): 227-238.

［161］Kahruman C, Yusufoglu I. Leaching kinetics of synthetic $CaWO_4$ in HCl solutions containing H_3PO_4 as chelating agent [J]. Hydrometallurgy, 2006, 81 (3): 182-189.

［162］黄金, 谢芳浩, 肖海建, 等. 盐酸磷酸络合浸出白钨矿的试验研究 [J]. 稀有金属, 2014, 38 (4): 703-710.

［163］刘亮, 薛济来. 盐酸-磷酸络合浸出人造白钨矿试验研究 [J]. 湿法冶金, 2015, 34 (2): 109-113.

［164］周康根, 龚丹丹, 彭长宏. 一种白钨矿的清洁冶金方法: 中国, 201610279063. 4 [P]. 2016-07-20.

［165］刘亮. 白钨矿富集与络合酸法制备仲钨酸铵的过程研究 [D]. 北京: 北京科技大学, 2016.

［166］科热夫尼科夫. 精细化学品的催化合成: 多酸化合物及其催化 ［M］. 北京: 化学工业出版社, 2005.

［167］赵中伟, 李江涛. 一种分解白钨矿的方法: 中国, 201010605095. 1 ［P］, 2011-06-01.

［168］何利华, 赵中伟, 杨金洪. 新一代绿色钨冶金工艺-白钨硫磷混酸协同分解技术 ［J］. 中国钨业, 2017, 32 (3): 49-53.

［169］Li J T, Zhao Z W. Kinetics of scheelite concentrate digestion with sulfuric acid in the presence of phosphoric acid ［J］. Hydrometallurgy, 2016, 163: 55-60.

［170］Liao Y L, Zhao Z W. Comparison of 2-Octanol and tributyl phosphate in recovery of tungsten from sulfuric-phosphoric acid leach solution of scheelite ［J］. JOM, 2018, 70 (4): 581-586.

［171］杨利群. 苏打烧结法处理低品位钨矿及废钨渣的研究 ［J］. 中国钼业, 2008, 32 (4): 25-27.

［172］赵秦生. 微波在黑钨精矿的苏打烧结中的利用 ［J］. 稀有金属与硬质合金, 2003, 31 (1): 51-52.

［173］Pacheco-Torgal F, Jalali S. Influence of sodium carbonate addition on the thermal reactivity of tungsten mine waste mud based binders ［J］. Construction & Building Materials, 2010, 24 (1): 56-60.

［174］肖清清, 陈虎兵, 马建军, 等. 黑钨矿浸出条件的研究 ［J］. 中国新技术新产品, 2008 (11): 1.

［175］Chen X Y, Chen Q, Guo F L, et al. Solvent extraction of tungsten and rare earth with tertiary amine N235 from H_2SO_4-H_3PO_4 mixed acid leaching liquor of scheelite ［J］. Hydrometallurgy, 2020 (196): 1-8.

［176］赵中伟, 梁勇, 刘旭恒, 等. 反应挤出法碱分解黑钨矿 ［J］. 中国有色金属学报, 2011, 21 (11): 2946-2951.

［177］AMER A M. Investigation of the direct hydrometallurgical processing of mechanically activated low-grade wolframite concentrate ［J］. Hydrometallurgy, 2000, 58 (3): 251-259.

［178］李军, 李洪桂, 刘茂盛, 等. 氢氧化钠与黑钨反应动力学研究 ［J］. 中南矿冶学院学报, 1985 (4): 132-140.

［179］李洪桂. 稀有金属冶金学 ［M］. 北京: 冶金工业出版社, 1990.

［180］万林生, 徐国钻, 严永海, 等. 中国钨冶炼工艺发展历程及技术进步 ［J］. 中国钨业, 2009, 24 (5): 63-66.

［181］Li T T, Shen Y B, Zhao S H, et al. Leaching kinetics of scheelite concentrate with sodium hydroxide in the presence of phosphate ［J］. Transactions of Nonferrous Metals Society of China, 2019 (29): 634-640.

［182］Zhu X R, Liu X H, Zhao Z W. Leaching kinetics of scheelite with sodium phytate ［J］. Hydrometallurgy, 2019 (186): 83-90.

［183］Chen X Y, Guo F L, Chen Q, et al. Dissolution behavior of the associated rare-earth elements in scheelite using a mixture of sulfuric and phosphoric acids ［J］. Minerals Engineering, 2019 (144): 1-7.

［184］董伟. 芽孢杆菌芽孢特性及其作为吸附稀土离子材料的应用 ［M］. 长沙: 中南大学出

版社，2020.

［185］张子岩．溶剂萃取法在钨湿法冶金中的应用［J］．湿法冶金，2006，25（1）：1-9.

［186］黄海威．黑钨矿浮选体系中苯甲羟肟酸、金属离子作用机理［M］．北京：冶金工业出版社，2020.

［187］Li J T, Yang J H, Zhao Z W, et al. Efficient extraction of tungsten, calcium, and phosphorus from low-grade scheelite concentrate［J］. Minerals Engineering, 2022（181）：107462.

［188］许卫凤．伯胺萃取钨及钨钼水溶液的热力学研究［D］．天津：天津大学，2014.

［189］柯兆华．从钨矿苛性钠浸出液中萃取钨制取纯钨酸铵的研究［D］．长沙：中南大学，2012.

［190］李洪桂，李波，赵中伟．钨冶金离子交换新工艺研究［J］．稀有金属与硬质合金，2007，35（1）：1-4.

［191］Nicol M J, Zainol Z. The development of a resin-in-pulp process for the recovery of nickel and cobalt from laterite leach slurries［J］. International Journal of Mineral Processing, 2003, 72（1）：407-415.

［192］赵中伟，孙丰龙，杨金洪，等．我国钨资源、技术和产业发展现状与展望［J］．中国有色金属学报，2019，29（9）：1902-1916.

［193］Gao Y S, Gao Z Y, Sun W, et al. Selective flotation of scheelite from calcite: A novel reagent scheme［J］. International Journal of Mineral Processing, 2016（154）：10-15.

［194］于全，陈国华，康川．江西朱溪超大型钨矿床成矿年代学、矿物学及成矿过程研究［J］．高校地质学报，2018，24（6）：872-894.

［195］项新葵，刘显沐，詹国年．江西省大湖塘石门寺矿区超大型钨矿的发现及找矿意义［J］．华东地质，2012，33（3）：141-151.

［196］孙伟，唐鸿鸿，陈臣．萤石-白钨矿浮选分离体系中硅酸钠的溶液化学行为［J］．中国有色金属学报，2021，23（8）：2274-2283.

［197］罗仙平，邹丽萍，冯博，等．福建行洛坑钨矿选矿工艺优化研究［J］．有色金属科学与工程，2014（1）：68-72.

［198］高亚龙，刘全军，董敬申，等．云南某白钨矿浮选试验研究［J］．中国钨业，2021，36（3）：31-35.

［199］王小波，李江涛，张文娟，等．双氧水协同盐酸分解人造白钨［J］．中国有色金属学报，2014，24（12）：3142-3146.

［200］Gong D D, Zhang Y, Wan L S, et al. Efficient extraction of tungsten from scheelite with phosphate and fluoride［J］. Process Safety and Environmental Protection, 2022（159）：708-715.

［201］Ilhan S, Kalpakli A O, Kahruman C, et al. The investigation of dissolution behavior of gangue materials during the dissolution of natural scheelite in oxalic acid solution［J］. Hydrometallurgy, 2013（136）：15-26.

［202］钱庭宝，刘维琳．离子交换树脂应用手册［M］．天津：南开大学出版社，1989.

［203］霍广生，李洪桂，孙培梅，等．弱碱性阴离子交换树脂在钨钼分离中的应用［J］．中南大学学报（自然科学版），2000，31（1）：30-33.

［204］Lu X Y, Huo G S, Liao C H. Separation of macro amounts of tungsten and molybdenum by ion exchange with D309 resin ［J］. Transactions of Nonferrous Metals Society of China, 2014, 24 (9): 3008-3013.

［205］《浸矿技术》编委会. 浸矿技术 ［M］. 北京: 原子能出版社, 1994.

［206］Srivastava S C, Bhaisare S R, Wagh D N, et al. Analysis of tungsten in low grade ores and geological samples ［J］. Bulletin of Materials Science, 1996 (19): 331-343.

［207］许根福, 孙秀玲, 董淑琴, 等. 树脂矿浆法从提金尾浆中回收银的研究 ［J］. 铀矿冶, 1995 (4): 244-251.

［208］Lan X, Liang S, Song Y. Recovery of rhenium from molybdenite calcine by a resin-in-pulp process ［J］. Hydrometallurgy, 2006, 82 (3): 133-136.

［209］Mirjalili K, Roshani M. Resin-in-pulp method for uranium recovery from leached pulp of low grade uranium ore ［J］. Hydrometallurgy, 2007, 85 (2): 103-109.

［210］李峰, 石全, 陈材, 等. 钨合金球形破片对部件的毁伤效应仿真研究 ［J］. 计算机仿真, 2020, 37 (6): 26-30.

［211］Lu X Y, Huo G S, Liao C H. Separation of macro amounts of tungsten and molybdenum by ion exchange with D309 resin ［J］. Transactions of Nonferrous Metals Society of China, 2014, 24 (9): 3008-3013.

［212］Zhao Z W, Xu X Y, Chen X Y, et al. Thermodynamics and kinetics of adsorption of molybdenum blue with D301 ion exchange resin ［J］. Transactions of the Nonferrous Metals Society of China, 2012, 22 (3): 686-693.

［213］Zhao Z W, Hu F, Hu Y, et al. Adsorption behaviour of WO_4^{2-} onto 201×7 resin in highly concentrated tungstate solutions ［J］. International Journal of Refractory Metals & Hard Materials, 2010, 28 (5): 633-637.

［214］翁诗甫, 徐怡庄. 傅里叶红外光谱分析 ［M］. 北京: 化学工业出版社, 2016.

［215］Habashi F. Principles of Extractive Metallurgy: V. 1 General Principles ［M］. New York: Gordon and Breach Publishers, 1986.

［216］罗武辉, 黄祈栋, 袁秀娟, 等. 蒙脱石改性与高氯酸根吸附的机理及应用拓展 ［M］. 长沙: 中南大学出版社, 2020.

［217］Singare P U, Lokhande R S, Madyal R S. Thermal degradation studies of some strongly acidic cation exchange resins ［J］. Journal of Physical Chemical, 2011 (1): 45-54.

［218］Zhong J P, Zhou J, Xiao M S, et al. Design and syntheses of functionalized copper-based MOFs and its adsorption behavior for Pb(II) ［J］. Chinese Chemical Letter, 2022 (33): 973-978.

［219］Redkin A F, Bondarenko G V. Raman spectra of tungsten-bearing solutions ［J］. Journal of Solution Chemistry, 2010, 39 (10): 1549-1561.

［220］何利华, 刘旭恒, 赵中伟, 等. 钨矿物原料碱分解的理论与工艺 ［J］. 中国钨业, 2012, 27 (2): 22-27.

［221］刘元鑫. 白钨矿氢氧化钠焙烧热力学及新工艺研究 ［D］. 赣州: 江西理工大学, 2016.

［222］孙培梅, 李洪桂, 李运姣, 等. 机械活化苛性钠分解柿竹园白钨矿的研究 ［J］. 中南工业大学学报: 自然科学版, 1999 (3): 248-251.

［223］梁勇. 反应挤出法碱分解钨矿基础理论及新工艺［D］. 长沙：中南大学，2012.

［224］杨秀丽，王晓辉，向仕彪，等. 盐酸法富集钨渣中的钽和铌［J］. 中国有色金属学报，
2013，23（3）：873-881.

［225］张伟光，赵中伟. 新型硫化剂五硫化二磷对钨和钼的硫化热力学［J］. 中国有色金属
学报，2014，24（5）：1375-1382.

［226］梁勇，邵龙彬，黎永康，等. 硅酸钠低温焙烧分解白钨矿工艺研究［J］. 稀有金属，
2018，42（6）：668-672.

［227］Gong C B，Chen X Y，Liu X H，et al. The dissolution behavior of different forms of tungstic
acid in hydrogen peroxide［J］. Hydrometallurgy，2021，202：105598.

［228］Shen L T，Li X B，Zhou Q S，et al. Kinetics of scheelite conversion in sulfuric acid
［J］. JOM，2018，70（11）：2499-2504.

［229］袁博，孙立楠，王国平，等. 我国钨产业现状及战略储备思考［J］. 中国钨业，2019，
34（2）：74-77.

［230］霍广生，彭超，陈星宇，等. 利用弱碱性阴离子交换树脂从硫化后的钨酸钠溶液中吸
附除钼［J］. 中国有色金属学报，2014，24（6）：1623-1628.

［231］钟岳联，邓朝勇，石波，等. TBP-仲辛醇协同萃取钽铌萃余液中低浓度钽、铌和钨
［J］. 中国有色金属学报，2021，31（3）：775-784.

［232］Chen X Y，Chen Q，Guo F L，et al. Extraction and separation of W and rare earth from
H_2SO_4-H_3PO_4 mixed acid leaching liquor of scheelite by primary amine N1923［J］. Separation
and Purification Technology，2021，257（2）：117908.

［233］赵中伟，孙丰龙，杨金洪，等. 我国钨资源、技术和产业发展现状与展望［J］. 中国有
色金属学报，2019，29（9）：1902-1916.

［234］杨运光，万林生，龚丹丹. 高钙白钨矿分解工业试验研究［J］. 中国钨业，2019，
34（2）：39-42.

［235］赵中伟. 用于处理高浓度钨酸钠溶液的离子交换新工艺［J］. 中国钨业，2005，
20（1）：3.

［236］张贵清，尚广浩，肖连生. 纳滤法处理仲钨酸铵结晶母液的研究［J］. 稀有金属，
2007，31（3）：33-35.

［237］朱心蕊，刘旭恒，陈星宇，等. 钨冶炼渣的综合利用及发展趋势［J］. 矿产保护与利
用，2019（3）：119-124.

［238］赵风文，胡建华，曾平平，等. 基于正交试验的碱基磷石膏胶结充填体配比优化［J］.
中国有色金属学报，2021，31（4）：1096-1105.

［239］Zhang W J，Chen Y Q，Che J Y，et al. Green leaching of tungsten from synthetic scheelite
with sulfuric acid-hydrogen peroxide solution to prepare tungstic acid［J］. Separation and
Purification Technology，2020（241）：116752.

［240］王宇斌，彭祥玉，李帅，等. 基于正交试验法的某低品位氧化镍矿酸浸试验研究［J］.
有色金属，2017，7（3）：42-45.

［241］周国涛，李青刚，刘永畅，等. 从钨渣硫酸浸取液中萃取钪的研究［J］. 稀有金属与硬
质合金，2018，46（6）：1-9.

[242] 练强，张杰. 锰渣硫酸浸出正交实验探究 [J]. 矿冶工程，2020，40（2）：108-110.

[243] 赵风文，胡建华，曾平平，等. 基于正交试验的碱基磷石膏胶结充填体配比优化 [J]. 中国有色金属学报，2021，31（4）：1096-1105.

[244] Zhu X Z., Huo G S., Ni J, et al. Tungsten removal from molybdate solutions using chelating ion-exchange resin：equilibrium adsorption isotherm and kinetics [J]. Journal of Central South University，2016（23）：1052-1057.

[245] Zhu X Z, Huo G S, Ni J, et al. Removal of tungsten and vanadium from molybdate solutions using ion exchange resin [J]. The Chinese Journal of Nonferrous Metals，2017（27）：2727-2732.

[246] 关文娟，张贵清，肖连生，等. 双氧水配合 TRPO/TBP 萃取分离钨钼的工业试验 [J]. 稀有金属，2015，39（11）：1030-1037.

[247] 李作胜，唐赛，梁超平，等. 钨动态回复过程的相场模型建立及其仿真模拟 [J]. 中国有色金属学报，2021，31（7）：1767-1773.

[248] 罗小燕，蔡改贫，熊奇，等. 白钨矿反应釜温度控制系统设计与仿真 [J]. 中国钨业，2015，30（2）：68-71.

[249] 周康根，龚丹丹，彭长宏，等. 一种处理白钨矿的方法：中国，201810651384. 1 [P]. 2018-11-06.

[250] 夏庆霖，汪新庆，刘壮壮，等. 中国钨矿成矿地质特征与资源潜力分析 [J]. 地学前缘，2018，25（3）：50-57.

[251] Polini R, Paci B, Generosi A, et al. Synthesis of scheelite nanoparticles by mechanically assisted solid-state reaction of wolframite and calcium carbonate [J]. Minerals Engineering，2019（138）：133-138.

[252] Liu L, Xue J L, Liu K, et al. Complex leaching process of scheelite in hydrochloric and phosphoric solutions [J]. JOM，2016，68（9）：2455-2462.

[253] 于全，陈国华，康川. 江西朱溪超大型钨矿床成矿年代学、矿物学及成矿过程研究 [J]. 高校地质学报，2018，24（6）：872-894.

[254] 项新葵，刘显沐，詹国年. 江西省大湖塘石门寺矿区超大型钨矿的发现及找矿意义 [J]. 华东地质，2012，33（3）：141-151.

[255] Wang Y L, Yang S H, Li H. Studies on the leaching of tungsten from composite barite-scheelite concentrate [J]. International Journal of Refractory Metals and Hard Materials，2016（54）：284-288.

[256] Yang X S. Beneficiation studies of tungsten ores-A review [J]. Minerals Engineering，2018（125）：111-119.

[257] Luo B Y, Liu X H, Li J T, et al. Kinetics of tungstate and phytate adsorption by D201 resin [J]. JOM，2021，73（5）：1337-1343.

[258] 杨运光，万林生，龚丹丹. 粗钨酸钠溶液深度脱磷工业试验研究 [J]. 稀有金属与硬质合金，2019，47（4）：1-6.

[259] Li J T, Zhao Z W. Kinetics of scheelite concentrate digestion with sulfuric acid in the presence of phosphoric acid [J]. Hydrometallurgy，2016（163）：55-60.

［260］ Xiao L P, Ji L, Yin C S, et al. Tungsten extraction from scheelite hydrochloric acid decomposition residue by hydrogen peroxide ［J］. Minerals Engineering, 2022 （179）: 107461.

［261］ Wang H, Liu P Y, Chen X Y, et al. Efficient dissolution of tungstic acid by isopolytungstate solution based on the polymerization theory of tungsten ［J］. Hydrometallurgy, 2022 （209）: 105835.

［262］ Yin C S, Ji L, Chen X Y, et al. Efficient leaching of scheelite in sulfuric acid and hydrogen peroxide solution ［J］. Hydrometallurgy, 2020 （192）: 105292.

［263］ Yang L, Wan L S, Jin X W. Solubility of ammonium paratungstate in aqueous diammonium phosphate and ammonia solution and its implications for a scheelite leaching process ［J］. Canadian Metallurgical Quarterly, 2018, 57 （4）: 439-446.

［264］ Liu X H, Xiong J J, Chen X Y, et al. Acidic decomposition of scheelite by organic sodium phytate at atmospheric pressure ［J］. Minerals Engineering , 2021, 172 （24）: 107125.

［265］ 刘子林, 林德海, 何发泉, 等. 钠化焙烧法回收废 SCR 催化剂中钒和钨的浸出机理及浸出动力学研究 ［J］. 材料导报, 2021, 35 （Z1）: 429-433.

［266］ 付念新, 张林, 刘武汉, 等. 钒渣钙化焙烧相变过程的机理分析 ［J］. 中国有色金属学报, 2018, 28 （2）: 377-386.

［267］ 柳林, 刘磊, 张亮, 等. 氯化焙烧-水浸从锂云母中提锂试验 ［J］. 有色金属 （冶炼部分）, 2021 （2）: 72-76.

［268］ Zhang B K, Guo X Y, Wang Q M, et al. Thermodynamic analysis and process optimization of zinc and lead recovery from copper smelting slag with chlorination roasting ［J］. Transactions of Nonferrous Metals Society of China, 2021 （31）: 3905-3917.

［269］ 王成杰. 钒渣镁化焙烧-酸浸法提钒研究 ［D］. 重庆: 重庆大学, 2020.

［270］ 龚丹丹, 黄泽辉, 赵立夫. 钼渣处理工艺试验研究 ［J］. 中国钨业, 2015, 30 （3）: 38-42.

［271］ Luo Y W, Chen X Y, Zhao Z W, et al. Pressure leaching of wolframite using a sulfuric-phosphoric acid mixture ［J］. Minerals Engineering, 2021 （169）: 106941.

［272］ 杨凯华, 张文娟, 何利华, 等. 硫磷混酸浸出黑钨矿动力学 ［J］. 中国有色金属学报, 2018, 28 （1）: 175-182.

［273］ Li J T, Cao G X, Tang Z Y, et al. Simulation of flow field characteristics in scheelite leaching tank with H_2SO_4-H_3PO_4 ［J］. lnt. J. Chem. React. Eng. , 2021, 19 （12）: 1-11.

［274］ Liu X H, Deng L Q, Chen X Y, et al. Recovery of tungsten from acidic solutions rich in calcium and iron ［J］. Hydrometallurgy, 2021 （204）: 105719.

［275］ Li J T, Ma Z L, Liu X H, et al. Sustainable and efficient recovery of tungsten from wolframite in a sulfuric acid and phosphoric acid mixed system ［J］. Sustainable Chemistry and Engineering, 2020, 8 （36）: 13583-13592.

［276］ Ren H C, Li J T, Tang Z Y, et al. Sustainable and efficient extracting of tin and tungsten from wolframite-scheelite mixed ore with high tin content ［J］. Journal of Cleaner Production, 2020 （269）: 122282.